Motorsteuerung lernen

Die Steuerung moderner Otto- und Dieselmotoren macht einen stetig steigenden Anteil an Fahrzeugelektronik erforderlich, um die hohen Forderungen nach einer Reduzierung der Emissionen zu erfüllen. Um die Funktion der Fahrzeugantriebe und das Zusammenwirken der Komponenten und Systeme richtig zu verstehen, ist daher ein Fundus an Informationen von deren Grundlagen bis zur Arbeitsweise erforderlich. In diesem Heft „Elektronische Dieselregelung" stellt *Motorsteuerung lernen* die zum Verständnis erforderlichen Grundlagen bereit. Es bietet den raschen und sicheren Zugriff auf diese Informationen und erklärt diese anschaulich, systematisch und anwendungsorientiert.

Weitere Bände in der Reihe http://www.springer.com/series/13472

Konrad Reif

(Hrsg.)

Elektronische Dieselregelung

 Springer Vieweg

Hrsg.
Konrad Reif
Duale Hochschule Baden-Württemberg Ravensburg
Campus Friedrichshafen
Friedrichshafen, Deutschland

ISSN 2364-6349
Motorsteuerung lernen
ISBN 978-3-658-27953-0

Die Deutsche Nationalbibliothek verzeichnet diese Publikation in der Deutschen Nationalbibliografie; detaillierte bibliografische Daten sind im Internet über http://dnb.d-nb.de abrufbar.

Verantwortlich im Verlag: Markus Braun
Springer Vieweg ist ein Imprint der eingetragenen Gesellschaft Springer Fachmedien Wiesbaden GmbH und ist ein Teil von Springer Nature
Die Anschrift der Gesellschaft ist: Abraham-Lincoln-Str. 46, 65189 Wiesbaden, Germany

Vorwort

Die beständige, jahrzehntelange Vorwärtsentwicklung der Fahrzeugtechnik zwingt den Fachmann dazu, mit dieser Entwicklung Schritt zu halten. Dies gilt nicht nur für junge Leute in der Ausbildung und die Ausbilder selbst, sondern auch für jeden, der schon länger auf dem Gebiet der Fahrzeugtechnik und -elektronik arbeitet. Dabei nimmt neben den klassischen Gebieten Fahrzeug- und Motorentechnik die Elektronik eine immer wichtigere Rolle ein. Die Aus- und Weiterbildungsangebote müssen dem Rechnung tragen, genauso wie die Studienangebote.

Der Fachlehrgang „Motorsteuerung lernen" nimmt auf diesen Bedarf Bezug und bietet mit zehn Einzelthemen einen leichten Einstieg in das wichtige und umfangreiche Gebiet der Steuerung von Diesel- und Ottomotoren. Eine fachlich fundierte und anwendungsorientierte Darstellung garantiert eine direkte Verwertbarkeit des Fachlehrgangs in der Praxis. Die leichte Verständlichkeit machen den Fachlehrgang für das Selbststudium besonders geeignet.

Der vorliegende Teil des Fachlehrgangs mit dem Titel „Elektronische Dieselregelung" behandelt diese mit allen dafür wichtigen Themen. Dabei wird auf die verschiedenen Spritzsysteme, auf die Datenverarbeitung und auf die Regelung eingegangen. Außerdem werden Sensoren, das Steuergerät, Starthilfesysteme und die Diagnose behandelt. Dieses Heft ist eine Auskopplung aus dem gebundenen Buch „Dieselmotor-Management" aus der Reihe Bosch Fachinformation Automobil und wurde für den hier vorliegenden Fachlehrgang neu zusammengestellt.

Friedrichshafen, im Januar 2015   Konrad Reif

Inhaltsverzeichnis

Herausgeber

Prof. Dr.-Ing. Konrad Reif

Autoren und Mitwirkende

Dipl.-Ing. (BA) Jürgen Crepin,
Prof. Dr.-Ing. Konrad Reif,
  Duale Hochschule Baden-Württemberg.
(Diesel-Einspritzsysteme im Überblick)

Dipl.-Ing. Johannes Feger,
Dipl.-Ing. Lutz-Martin Fink,
Dipl.-Ing. Wolfram Gerwing,
Dipl.-Ing. (BA) Klaus Grabmeier,
Dipl.-Ing. Martin Grosser,
Dipl.-Inform. Michael Heinzelmann,
Dipl.-Math. techn. Bernd Illg,
Dipl.-Ing. (FH) Joachim Kurz,
Dipl.-Ing. Felix Landhäußer,
Dipl.-Ing. (FH) Mikel Lorente Susaeta,
Dipl.-Ing. Rainer Mayer,
Dr.-Ing. Andreas Michalske,
Dr. rer. nat. Dietmar Ottenbacher,
Dr.-Ing. Michael Walther,
Dipl.-Ing. (FH) Andreas Werner,
Dipl.-Ing. Jens Wiesner,
Prof. Dr.-Ing. Konrad Reif,
  Duale Hochschule Baden-Württemberg.
(Elektronische Dieselregelung)

Dipl.-Ing. Joachim Berger,
Prof. Dr.-Ing. Konrad Reif,
  Duale Hochschule Baden-Württemberg.
(Sensoren)

Dipl.-Ing. Martin Kaiser.
Prof. Dr.-Ing. Konrad Reif,
  Duale Hochschule Baden-Württemberg.
(Steuergerät)

Dr. rer. nat. Wolfgang Dreßler,
Prof. Dr.-Ing. Konrad Reif,
  Duale Hochschule Baden-Württemberg.
(Starthilfesysteme)

Dr.-Ing. Günter Driedger,
Dr. rer. nat. Walter Lehle,
Dipl.-Ing. Wolfgang Schauer,
Prof. Dr.-Ing. Konrad Reif,
  Duale Hochschule Baden-Württemberg.
(Diagnose)

Soweit nicht anders angegeben, handelt es
sich um Mitarbeiter der Robert Bosch
GmbH.

Diesel-Einspritzsysteme im Überblick

Das Einspritzsystem spritzt den Kraftstoff unter hohem Druck, zum richtigen Zeitpunkt und in der richtigen Menge in den Brennraum ein. Wesentliche Komponenten des Einspritzsystems sind die Einspritzpumpe, die den Hochdruck erzeugt, sowie die Einspritzdüsen, die – außer beim Unit Injector System – über Hochdruckleitungen mit der Einspritzpumpe verbunden sind. Die Einspritzdüsen ragen in den Brennraum der einzelnen Zylinder.

Bei den meisten Systemen öffnet die Düse, wenn der Kraftstoffdruck einen bestimmten Öffnungsdruck erreicht und schließt, wenn er unter dieses Niveau abfällt. Nur beim Common Rail System wird die Düse durch eine elektronische Regelung fremdgesteuert.

Bauarten

Die Einspritzsysteme unterscheiden sich i. W. in der Hochdruckerzeugung und in der Steuerung von Einspritzbeginn und -dauer. Während ältere Systeme z. T. noch rein mechanisch gesteuert werden, hat sich heute die elektronische Regelung durchgesetzt.

Reiheneinspritzpumpen

Standard-Reiheneinspritzpumpen
Reiheneinspritzpumpen (Bild 1) haben je Motorzylinder ein Pumpenelement, das aus Pumpenzylinder (1) und Pumpenkolben (4) besteht. Der Pumpenkolben wird durch die in der Einspritzpumpe integrierte und vom Motor angetriebene Nockenwelle (7) in Förderrichtung (hier nach oben) bewegt und durch die Kolbenfeder (5) zurückgedrückt. Die einzelnen Pumpenelemente sind in Reihe angeordnet (daher der Name Reiheneinspritzpumpe).

Der Hub des Kolbens ist unveränderlich. Verschließt die Oberkante des Kolbens bei der Aufwärtsbewegung die Ansaugöffnung (2), beginnt der Hochdruckaufbau. Dieser Zeitpunkt wird Förderbeginn genannt. Der Kolben bewegt sich weiter aufwärts. Dadurch steigt der Kraftstoffdruck, die Düse öffnet und Kraftstoff wird eingespritzt.

Gibt die im Kolben schräg eingearbeitete Steuerkante (3) die Ansaugöffnung frei, kann Kraftstoff abfließen und der Druck bricht zusammen. Die Düsennadel schließt und die Einspritzung ist beendet.

Der Kolbenweg zwischen Verschließen und Öffnen der Ansaugöffnung ist der Nutzhub.

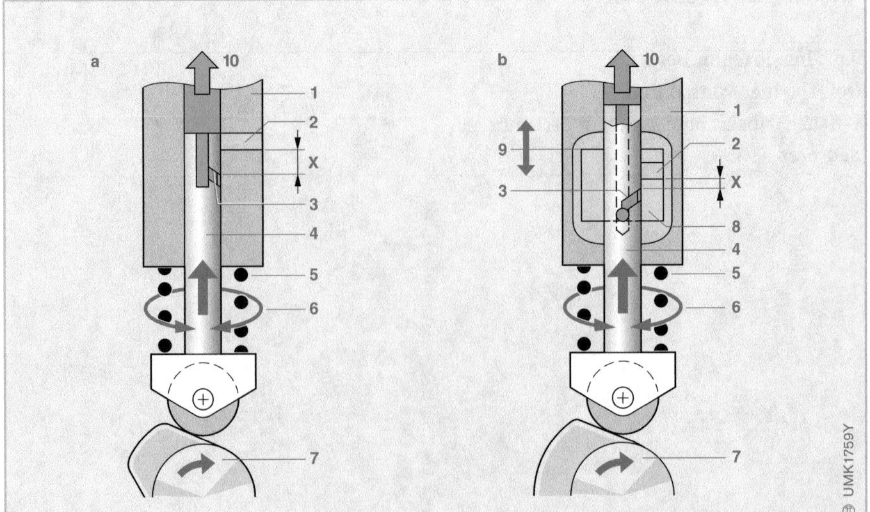

Bild 1
a   Standard-Reihen-
    einspritzpumpe
b   Hubschieber-
    Reiheneinspritz-
    pumpe

1   Pumpenzylinder
2   Ansaugöffnung
3   Steuerkante
4   Pumpenkolben
5   Kolbenfeder
6   Verdrehweg durch
    Regelstange
    (Einspritzmenge)
7   Antriebsnocken
8   Hubschieber
9   Verstellweg durch
    Stellwelle
    (Förderbeginn)
10 Kraftstofffluss zur
    Einspritzdüse
X   Nutzhub

1   Funktionsprinzip der Reiheneinspritzpumpe

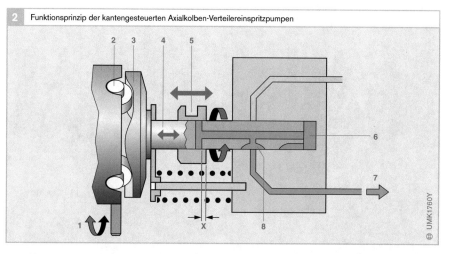

2 Funktionsprinzip der kantengesteuerten Axialkolben-Verteilereinspritzpumpen

Bild 2
1 Spritzverstellerweg
   am Rollenring
2 Rolle
3 Hubscheibe
4 Axialkolben
5 Regelschieber
6 Hochdruckraum
7 Kraftstofffluss zur
   Einspritzdüse
8 Steuerschlitz
X Nutzhub

Je größer der Nutzhub ist, desto größer ist auch die Förder- bzw. Einspritzmenge.

Zur drehzahl- und lastabhängigen Steuerung der Einspritzmenge wird über eine Regelstange der Pumpenkolben verdreht. Dadurch verändert sich die Lage der Steuerkante relativ zur Ansaugöffnung und damit der Nutzhub. Die Regelstange wird durch einen mechanischen Fliehkraftregler oder ein elektrisches Stellwerk gesteuert.

Einspritzpumpen, die nach diesem Prinzip arbeiten, heißen „kantengesteuert".

Hubschieber-Reiheneinspritzpumpen
Die Hubschieber-Reiheneinspritzpumpe hat einen auf dem Pumpenkolben gleitenden Hubschieber (Bild 1, Pos. 8), mit dem der Vorhub – d. h. der Kolbenweg bis zum Verschließen der Ansaugöffnung – über eine Stellwelle verändert werden kann. Dadurch wird der Förderbeginn verschoben.

Hubschieber-Reiheneinspritzpumpen werden immer elektronisch geregelt. Einspritzmenge und Spritzbeginn werden nach berechneten Sollwerten eingestellt.

Bei der Standard-Reiheneinspritzpumpe hingegen ist der Spritzbeginn abhängig von der Motordrehzahl.

Verteilereinspritzpumpen
Verteilereinspritzpumpen haben nur ein Hochdruckpumpenelement für alle Zylinder (Bilder 2 und 3). Eine Flügelzellenpumpe fördert den Kraftstoff in den Hochdruckraum (6). Die Hochdruckerzeugung erfolgt durch einen Axialkolben (Bild 2, Pos. 4) oder mehrere Radialkolben (Bild 3, Pos. 4). Ein rotierender zentraler Verteilerkolben öffnet und schließt Steuerschlitze (8) und Steuerbohrungen und verteilt so den Kraftstoff auf die einzelnen Motorzylinder. Die Einspritzdauer wird über einen Regelschieber (Bild 2, Pos. 5) oder über ein Hochdruckmagnetventil (Bild 3, Pos. 5) geregelt.

Axialkolben-Verteilereinspritzpumpen
Eine rotierende Hubscheibe (Bild 2, Pos. 3) wird vom Motor angetrieben. Die Anzahl der Nockenerhebungen auf der Hubscheibenunterseite entspricht der Anzahl der Motorzylinder. Sie wälzen sich auf den Rollen (2) des Rollenrings ab und bewirken dadurch beim Verteilerkolben zusätzlich zur Drehbewegung eine Hubbewegung. Während einer Umdrehung der Antriebswelle macht der Kolben so viele Hübe, wie Motorzylinder zu versorgen sind.

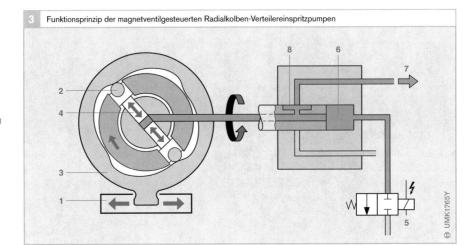

3 Funktionsprinzip der magnetventilgesteuerten Radialkolben-Verteilereinspritzpumpen

Bild 3
1   Spritzverstellerweg
    am Nockenring
2   Rolle
3   Nockenring
4   Radialkolben
5   Hochdruck-
    magnetventil
6   Hochdruckraum
7   Kraftstofffluss zur
    Einspritzdüse
8   Steuerschlitz

Bei der kantengesteuerten Axialkolben-Verteilereinspritzpumpe mit mechanischem Fliehkraft-Drehzahlregler oder elektronisch geregeltem Stellwerk bestimmt ein Regel-schieber (5) den Nutzhub und dosiert da-durch die Einspritzmenge.

Ein Spritzversteller verstellt den Förder-beginn der Pumpe durch Verdrehen des Rollenrings.

Radialkolben-Verteilereinspritzpumpen
Die Hochdruckerzeugung erfolgt durch eine Radialkolbenpumpe mit Nockenring (Bild 3, Pos. 3) und zwei bis vier Radialkolben (4). Mit Radialkolbenpumpen können höhere Einspritzdrücke erzielt werden als mit Axial-kolbenpumpen. Sie müssen jedoch eine höhere mechanische Festigkeit aufweisen.

Der Nockenring kann durch den Spritz-versteller (1) verdreht werden, wodurch der Förderbeginn verschoben wird. Einspritz-beginn und Einspritzdauer sind bei der Radialkolben-Verteilereinspritzpumpe aus-schließlich magnetventilgesteuert.

Magnetventilgesteuerte Verteilereinspritz-pumpen
Bei magnetventilgesteuerten Verteilerein-spritzpumpen dosiert ein elektronisch gesteuertes Hochdruckmagnetventil (5) die Einspritzmenge und verändert den Einspritzbeginn. Ist das Magnetventil geschlossen, kann sich im Hochdruckraum (6) Druck aufbauen. Ist es geöffnet, ent-weicht der Kraftstoff, sodass kein Druck aufgebaut und dadurch nicht eingespritzt werden kann. Ein oder zwei elektronische Steuergeräte (Pumpen- und ggf. Motor-steuergerät) erzeugen die Steuer- und Regel-signale.

Einzeleinspritzpumpen PF
Die vor allem für Schiffsmotoren, Diesel-lokomotiven, Baumaschinen und Klein-motoren eingesetzten Einzeleinspritzpum-pen PF (Pumpe mit Fremdantrieb) werden direkt von der Motornockenwelle angetrie-ben. Die Motornockenwelle hat – neben den Nocken für die Ventilsteuerung des Motors – Antriebsnocken für die einzelnen Einspritz-pumpen.

Die Arbeitsweise der Einzeleinspritz-pumpe PF entspricht ansonsten im Wesent-lichen der Reiheneinspritzpumpe.

Unit Injector System UIS

Beim Unit Injector System, UIS (auch Pumpe-Düse-Einheit, PDE, genannt), bilden die Einspritzpumpe und die Einspritzdüse eine Einheit (Bild 4). Pro Motorzylinder ist ein Unit Injector in den Zylinderkopf eingebaut. Er wird von der Motornockenwelle entweder direkt über einen Stößel oder indirekt über Kipphebel angetrieben.

Durch die integrierte Bauweise des Unit Injectors entfällt die bei anderen Einspritzsystemen erforderlich Hochdruckleitung zwischen Einspritzpumpe und Einspritzdüse. Dadurch kann das Unit Injector System auf einen wesentlich höheren Einspritzdruck ausgelegt werden. Der maximale Einspritzdruck liegt derzeit bei 2200 bar (für Nkw).

Das Unit Injector System wird elektronisch gesteuert. Einspritzbeginn und -dauer werden von einem Steuergerät berechnet und über ein Hochdruckmagnetventil gesteuert.

Unit Pump System UPS

Das modulare Unit Pump System, UPS (auch Pumpe-Leitung-Düse, PLD, genannt), arbeitet nach dem gleichen Verfahren wie das Unit Injector System (Bild 5). Im Gegensatz zum Unit Injector System sind die Düsenhalterkombination (2) und die Einspritzpumpe über eine kurze, genau auf die Komponenten abgestimmte Hochdruckleitung (3) verbunden. Diese Trennung von Hochdruckerzeugung und Düsenhalterkombination erlaubt einen einfacheren Anbau am Motor. Je Motorzylinder ist eine Einspritzeinheit (Einspritzpumpe, Leitung und Düsenhalterkombination) eingebaut. Sie wird von der Nockenwelle des Motors (6) angetrieben.

Auch beim Unit Pump System werden Einspritzdauer und Einspritzbeginn mit einem schnell schaltenden Hochdruckmagnetventil (4) elektronisch geregelt.

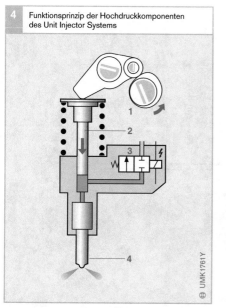

4 Funktionsprinzip der Hochdruckkomponenten des Unit Injector Systems

UMK1761Y

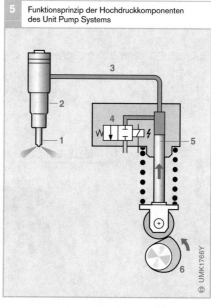

5 Funktionsprinzip der Hochdruckkomponenten des Unit Pump Systems

UMK1766Y

Bild 4
1 Antriebsnocken
2 Pumpenkolben
3 Hochdruck-
   magnetventil
4 Einspritzdüse

Bild 5
1 Einspritzdüse
2 Düsenhalter-
   kombination
3 Hochdruckleitung
4 Hochdruck-
   magnetventil
5 Pumpenkolben
6 Antriebsnocken

Common Rail System CR

Beim Hochdruckspeicher-Einspritzsystem Common Rail sind Druckerzeugung und Einspritzung voneinander entkoppelt. Dies geschieht mithilfe eines Speichervolumens, das sich aus der gemeinsamen Verteilerleiste (Common Rail) und den Injektoren zusammensetzt (Bild 6). Der Einspritzdruck wird weitgehend unabhängig von Motordrehzahl und Einspritzmenge von einer Hochdruckpumpe erzeugt. Das System bietet damit eine hohe Flexibilität bei der Gestaltung der Einspritzung.

Das Druckniveau liegt derzeit bei bis zu 2200 bar.

Funktionsweise

Eine Vorförderpumpe fördert Kraftstoff über ein Filter mit Wasserabscheider zur Hochdruckpumpe. Die Hochdruckpumpe sorgt für den permanent erforderlichen hohen Kraftstoffdruck im Rail.

Einspritzzeitpunkt und Einspritzmenge sowie Raildruck werden in der elektronischen Dieselregelung (EDC, Electronic Diesel Control) abhängig vom Betriebszustand des Motors und den Umgebungsbedingungen berechnet.

Die Dosierung des Kraftstoffs erfolgt über die Regelung von Einspritzdauer und Einspritzdruck. Über das Druckregelventil, das überschüssigen Kraftstoff zum Kraftstoffbehälter zurückleitet, wird der Druck geregelt. In einer neueren CR-Generation wird die Dosierung mit einer Zumesseinheit im Niederdruckteil vorgenommen, welche die Förderleistung der Pumpe regelt.

Der Injektor ist über kurze Zuleitungen ans Rail angeschlossen. Bei früheren CR-Generationen kommen Magnetventil-Injektoren zum Einsatz, während beim neuesten System Piezo-Inline-Injektoren verwendet werden. Bei ihnen sind die bewegten Massen und die innere Reibung reduziert, wodurch sich sehr kurze Abstände zwischen den Einspritzungen realisieren lassen. Dies wirkt sich positiv auf die Emissionen aus.

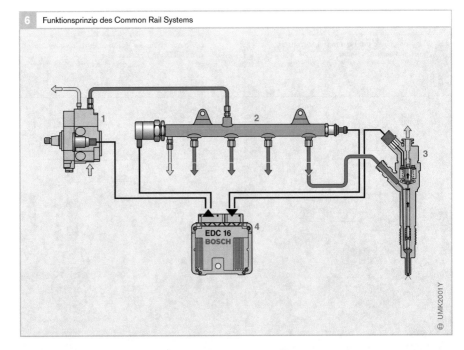

6 Funktionsprinzip des Common Rail Systems

Bild 6
1   Hochdruckpumpe
2   Rail
3   Injektor
4   EDC-Steuergerät

> Diesel-Einspritz-Geschichte(n)

Ende 1922 begann bei Bosch die Entwicklung eines Einspritzsystems für Dieselmotoren. Die technischen Voraussetzungen waren günstig: Bosch verfügte über Erfahrungen mit Verbrennungsmotoren, die Fertigungstechnik war hoch entwickelt und vor allem konnten Kenntnisse, die man bei der Fertigung von Schmierpumpen gesammelt hatte, eingesetzt werden. Dennoch war dies für Bosch ein großes Wagnis, da es viele Aufgaben zu lösen gab.

1927 wurden die ersten Einspritzpumpen in Serie hergestellt. Die Präzision dieser Pumpen war damals einmalig. Sie waren klein, leicht und ermöglichten höhere Drehzahlen des Dieselmotors. Diese Reiheneinspritzpumpen wurden ab 1932 in Nkw und ab 1936 auch in Pkw eingesetzt. Die Entwicklung des Dieselmotors und der Einspritzanlagen ging seither unaufhörlich weiter.

Im Jahr 1962 gab die von Bosch entwickelte Verteilereinspritzpumpe mit automatischem Spritzversteller dem Dieselmotor neuen Auftrieb. Mehr als zwei Jahrzehnte später folgte die von Bosch in langer Forschungsarbeit zur Serienreife gebrachte elektronische Regelung der Dieseleinspritzung.

Die immer genauere Dosierung kleinster Kraftstoffmengen zum exakt richtigen Zeitpunkt und die Steigerung des Einspritzdrucks ist eine ständige Herausforderung für die Entwickler. Dies führte zu vielen neuen Innovationen bei den Einspritzsystemen (siehe Bild).

In Verbrauch und Ausnutzung des Kraftstoffs ist der Selbstzünder nach wie vor benchmark (d.h. er setzt den Maßstab).

Neue Einspritzsysteme halfen weiteres Potenzial zu heben. Zusätzlich wurden die Motoren ständig leistungsfähiger, während die Geräusch- und Schadstoffemissionen weiter abnahmen!

> Meilensteine der Dieseleinspritzung

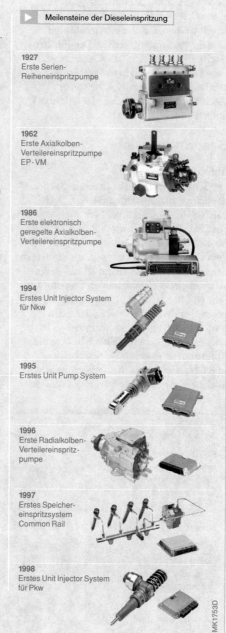

1927
Erste Serien-
Reiheneinspritzpumpe

1962
Erste Axialkolben-
Verteilereinspritzpumpe
EP-VM

1986
Erste elektronisch
geregelte Axialkolben-
Verteilereinspritzpumpe

1994
Erstes Unit Injector System
für Nkw

1995
Erstes Unit Pump System

1996
Erste Radialkolben-
Verteilereinspritz-
pumpe

1997
Erstes Speicher-
einspritzsystem
Common Rail

1998
Erstes Unit Injector System
für Pkw

UMK1753D

Elektronische Dieselregelung EDC

Die elektronische Steuerung des Dieselmotors erlaubt eine exakte und differen-
zierte Gestaltung der Einspritzgrößen.
Nur so können die vielen Anforderungen
erfüllt werden, die an einen modernen
Dieselmotor gestellt werden. Die „Elektronische Dieselregelung" EDC (Electronic
Diesel Control) wird in die drei Systemblöcke „Sensoren und Sollwertgeber",
„Steuergerät" und „Stellglieder (Aktoren)"
unterteilt.

Systemübersicht

Anforderungen

Die Senkung des Kraftstoffverbrauchs und
der Schadstoffemissionen (NO_X, CO, HC,
Partikel) bei gleichzeitiger Leistungssteige-
rung bzw. Drehmomenterhöhung der Motoren bestimmt die aktuelle Entwicklung auf
dem Gebiet der Dieseltechnik. Dies führte in
den letzten Jahren zu einem erhöhten Einsatz von direkt einspritzenden Dieselmotoren (DI), bei denen die Einspritzdrücke
gegenüber den indirekt einspritzenden
Motoren (IDI) mit Wirbelkammer- oder
Vorkammerverfahren deutlich höher sind.
Aufgrund der besseren Gemischbildung
und fehlender Überströmverluste zwischen
Vorkammer bzw. Wirbelkammer und dem

Hauptbrennraum ist der Kraftstoffverbrauch der direkt einspritzenden Motoren
gegenüber indirekt einspritzenden um
10 … 20 % reduziert.

Weiterhin wirken sich die hohen Ansprüche
an den Fahrkomfort auf die Entwicklung
moderner Dieselmotoren aus. Auch an die
Geräuschemissionen werden immer höhere
Forderungen gestellt.
Daraus ergaben sich gestiegene Ansprüche
an das Einspritzsystem und dessen Regelung
in Bezug auf:
- hohe Einspritzdrücke,
- Einspritzverlaufsformung,
- Voreinspritzung und gegebenenfalls
  Nacheinspritzung,
- an jeden Betriebszustand angepasste(r)
  Einspritzmenge, Ladedruck und Spritzbeginn,
- temperaturabhängige Startmenge,
- lastunabhängige Leerlaufdrehzahlregelung,
- geregelte Abgasrückführung,
- Fahrgeschwindigkeitsregelung sowie
- geringe Toleranzen der Einspritzzeit
  und -menge und hohe Genauigkeit
  während der gesamten Lebensdauer
  (Langzeitverhalten).

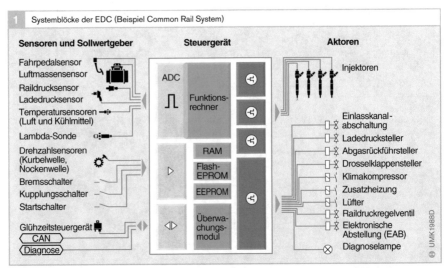

1   Systemblöcke der EDC (Beispiel Common Rail System)

Sensoren und Sollwertgeber

Fahrpedalsensor
Luftmassensensor
Raildrucksensor
Ladedrucksensor
Temperatursensoren
(Luft und Kühlmittel)
Lambda-Sonde

Drehzahlsensoren
(Kurbelwelle,
Nockenwelle)
Bremsschalter
Kupplungsschalter
Startschalter

Glühzeitsteuergerät
CAN
Diagnose

Steuergerät

ADC
Funktions-
rechner

RAM
Flash-
EPROM
EEPROM
Überwa-
chungs-
modul

Aktoren

Injektoren

Einlasskanal-
abschaltung
Ladeducksteller
Abgasrückführsteller
Drosselklappensteller
Klimakompressor
Zusatzheizung
Lüfter
Raildruckregelventil
Elektronische
Abstellung (EAB)
Diagnoselampe

UMK1988D

Die herkömmliche mechanische Drehzahl-regelung erfasst mit diversen Anpassvor-richtungen die verschiedenen Betriebszu-stände und gewährleistet eine hohe Qualität der Gemischaufbereitung. Sie beschränkt sich allerdings auf einen einfachen Regel-kreis am Motor und kann verschiedene wichtige Einflussgrößen nicht bzw. nicht schnell genug erfassen.

Die EDC entwickelte sich mit den steigen-den Anforderungen vom einfachen System mit elektrisch angesteuerter Stellwelle zu einer komplexen elektronischen Motor-steuerung, die eine Vielzahl von Daten in Echtzeit verarbeiten kann. Sie kann Teil eines elektronischen Fahrzeuggesamtsystems sein (Drive by wire). Durch die zunehmende Integration der elektronischen Komponen-ten kann die komplexe Elektronik auf engs-tem Raum untergebracht werden.

Arbeitsweise

Die Elektronische Dieselregelung (EDC) ist durch die in den letzten Jahren stark gestie-gene Rechenleistung der verfügbaren Mikro-controller in der Lage, die zuvor genannten Anforderungen zu erfüllen.

Im Gegensatz zu Dieselfahrzeugen mit konventionellen mechanisch geregelten Ein-spritzpumpen hat der Fahrer bei einem EDC-System keinen direkten Einfluss auf die eingespritzte Kraftstoffmenge, z. B. über das Fahrpedal und einen Seilzug. Die Einspritzmenge wird vielmehr durch ver-schiedene Einflussgrößen bestimmt. Dies sind z. B.:

- Fahrerwunsch (Fahrpedalstellung),
- Betriebszustand,
- Motortemperatur,
- Eingriffe weiterer Systeme (z. B. ASR),
- Auswirkungen auf die Schadstoff-emissionen usw.

Die Einspritzmenge wird aus diesen Ein-flussgrößen im Steuergerät errechnet. Auch der Einspritzzeitpunkt kann variiert werden. Dies bedingt ein umfangreiches Überwachungskonzept, das auftretende Abweichungen erkennt und gemäß der Aus-wirkungen entsprechende Maßnahmen einleitet (z. B. Drehmomentbegrenzung oder Notlauf im Leerlaufdrehzahlbereich). In der EDC sind deshalb mehrere Regelkreise enthalten.

Die Elektronische Dieselregelung ermöglicht auch einen Datenaustausch mit anderen elektronischen Systemen wie z. B. Antriebs-schlupfregelung (ASR), Elektronische Ge-triebesteuerung (EGS) oder Fahrdynamik-regelung mit dem Elektronischen Stabilitäts-Programm (ESP). Damit kann die Motor-steuerung in das Fahrzeug-Gesamtsystem integriert werden (z. B. Motormoment-reduzierung beim Schalten des Automatik-getriebes, Anpassen des Motormoments an den Schlupf der Räder, Freigabe der Ein-spritzung durch die Wegfahrsperre usw.).

Das EDC-System ist vollständig in das Diagnosesystem des Fahrzeugs integriert. Es erfüllt alle Anforderungen der OBD (On-Board-Diagnose) und EOBD (Euro-pean OBD).

Systemblöcke

Die Elektronische Dieselregelung (EDC) gliedert sich in drei Systemblöcke (Bild 1):

1. *Sensoren und Sollwertgeber* erfassen die Betriebsbedingungen (z. B. Motordrehzahl) und Sollwerte (z. B. Schalterstellung). Sie wandeln physikalische Größen in elektrische Signale um.

2. *Das Steuergerät* verarbeitet die Informa-tionen der Sensoren und Sollwertgeber nach bestimmten mathematischen Rechenvor-gängen (Steuer- und Regelalgorithmen). Es steuert die Stellglieder mit elektrischen Aus-gangssignalen an. Ferner stellt das Steuer-gerät die Schnittstelle zu anderen Systemen und zur Fahrzeugdiagnose her.

3. *Stellglieder* (Aktoren) setzen die elektri-schen Ausgangssignale des Steuergeräts in mechanische Größen um (z. B. das Magnet-ventil für die Einspritzung).

▶   Elektronik ... woher kommt der Begriff?

Der Begriff geht eigentlich auf die alten Griechen zurück. Für sie bedeutete das Wort „Elektron" auch Bernstein, dessen Anziehungskraft auf Wollfäden und Ähnliches bereits dem Thales von Milet vor über 2500 Jahren bekannt war.

Wegen ihrer kleinen Masse und ihrer elektrischen Ladung sind die Elektronen und damit auch die Elektronik sehr schnell. Die Elektronen prägten den Begriff „Elektronik".

Die Masse eines Elektrons macht von einem einzigen Gramm ebenso wenig aus wie ein 5-Gramm-Gewicht an der ganzen Masse unserer Erde.

Das Wort „Elektronik" ist ein Kind des 20. Jahrhunderts. Man weiß nicht so genau, wer es zum ersten Mal benutzte. Es könnte Sir John Ambrose Fleming, einer der Erfinder der Elektronenröhre, um 1902 gewesen sein. Aber den ersten „Electronic Engineer" gab es schon im 19. Jahrhundert. Der ist in der Ausgabe 1888 des „Who is Who" aus der Zeit Queen Victorias eingetragen. Das hieß damals offiziell „Kelly's Handbook of Titled, Landed and Official Classes". Der Electronic Engineer ist unter den „Royal Warrant Holders" zu finden – also den Personen, die sich eines königlichen Patents erfreuten.

Was er tat? Er war im Königlichen Palast für Funktion und Sauberkeit der Gaslampen verantwortlich. Und warum er seinen schönen Titel führte? Weil er wusste, dass „Elektron" im Griechischen auch Glitzern, Glänzen und Scheinen bedeutet.

Quelle:
„Grundbegriffe der Elektronik" – Bosch-Veröffentlichung (Nachdruck aus dem „Bosch-Zünder"), 1988.

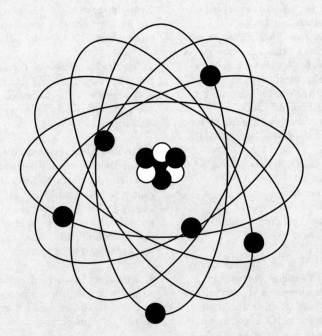

Reiheneinspritzpumpen

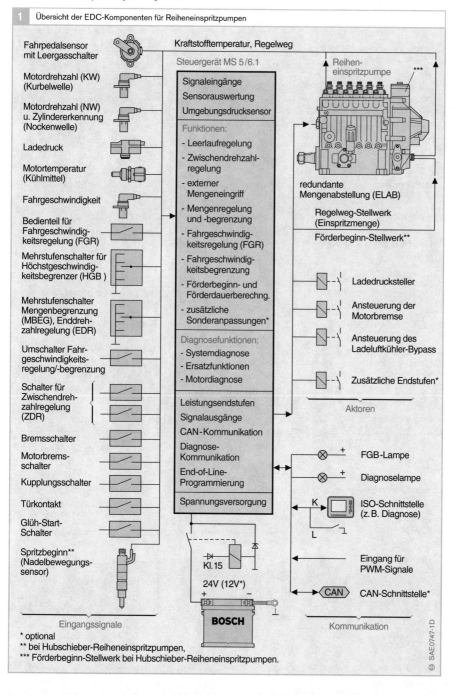

1 Übersicht der EDC-Komponenten für Reiheneinspritzpumpen

Fahrpedalsensor mit Leergasschalter

Motordrehzahl (KW) (Kurbelwelle)

Motordrehzahl (NW) u. Zylindererkennung (Nockenwelle)

Ladedruck

Motortemperatur (Kühlmittel)

Fahrgeschwindigkeit

Bedienteil für Fahrgeschwindigkeitsregelung (FGR)

Mehrstufenschalter für Höchstgeschwindigkeitsbegrenzer (HGB)

Mehrstufenschalter Mengenbegrenzung (MBEG), Enddrehzahlregelung (EDR)

Umschalter Fahrgeschwindigkeitsregelung/-begrenzung

Schalter für Zwischendrehzahlregelung (ZDR)

Bremsschalter

Motorbremsschalter

Kupplungsschalter

Türkontakt

Glüh-Start-Schalter

Spritzbeginn** (Nadelbewegungssensor)

Kraftstofftemperatur, Regelweg

Steuergerät MS 5/6.1

Signaleingänge
Sensorauswertung
Umgebungsdrucksensor

Funktionen:
- Leerlaufregelung
- Zwischendrehzahlregelung
- externer Mengeneingriff
- Mengenregelung und -begrenzung
- Fahrgeschwindigkeitsregelung (FGR)
- Fahrgeschwindigkeitsbegrenzung
- Förderbeginn- und Förderdauerberechng.
- zusätzliche Sonderanpassungen*

Diagnosefunktionen:
- Systemdiagnose
- Ersatzfunktionen
- Motordiagnose

Leistungsendstufen
Signalausgänge
CAN-Kommunikation
Diagnose-Kommunikation
End-of-Line-Programmierung

Spannungsversorgung

Kl. 15

24V (12V*)

BOSCH

Reiheneinspritzpumpe ***

redundante Mengenabstellung (ELAB)

Regelweg-Stellwerk (Einspritzmenge)

Förderbeginn-Stellwerk**

Ladedrucksteller

Ansteuerung der Motorbremse

Ansteuerung des Ladeluftkühler-Bypass

Zusätzliche Endstufen*

Aktoren

FGB-Lampe

Diagnoselampe

K
L
ISO-Schnittstelle (z.B. Diagnose)

Eingang für PWM-Signale

CAN   CAN-Schnittstelle*

Kommunikation

Eingangssignale

* optional
** bei Hubschieber-Reiheneinspritzpumpen,
*** Förderbeginn-Stellwerk bei Hubschieber-Reiheneinspritzpumpen.

SAE0747-1D

Kantengesteuerte Axialkolben-Verteilereinspritzpumpen

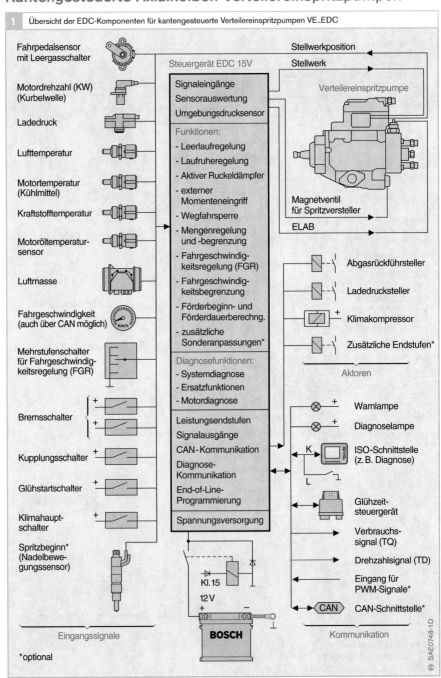

1   Übersicht der EDC-Komponenten für kantengesteuerte Verteilereinspritzpumpen VE..EDC

*optional

Magnetventilgesteuerte Axial- und Radialkolben-Verteilereinspritzpumpen

2 Übersicht der EDC-Komponenten für magnetventilgesteuerte Verteilereinspritzpumpen VE..MV, VR

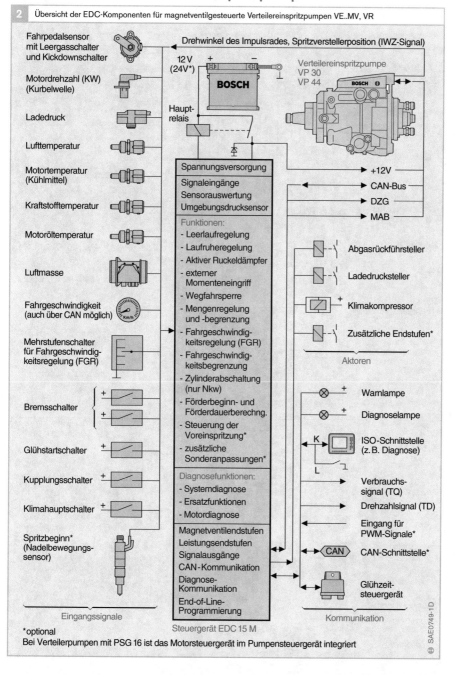

Fahrpedalsensor mit Leergasschalter und Kickdownschalter

Motordrehzahl (KW) (Kurbelwelle)

Ladedruck

Lufttemperatur

Motortemperatur (Kühlmittel)

Kraftstofftemperatur

Motoröltemperatur

Luftmasse

Fahrgeschwindigkeit (auch über CAN möglich)

Mehrstufenschalter für Fahrgeschwindig-keitsregelung (FGR)

Bremsschalter

Glühstartschalter

Kupplungsschalter

Klimahauptschalter

Spritzbeginn* (Nadelbewegungs-sensor)

Eingangssignale

Drehwinkel des Impulsrades, Spritzverstellerposition (IWZ-Signal)

12 V (24 V*)   +   −

BOSCH

Verteilereinspritzpumpe VP 30 VP 44

Haupt-relais

Spannungsversorgung

Signaleingänge
Sensorauswertung
Umgebungsdrucksensor

Funktionen:
- Leerlaufregelung
- Laufruheregelung
- Aktiver Ruckeldämpfer
- externer Momenteneingriff
- Wegfahrsperre
- Mengenregelung und -begrenzung
- Fahrgeschwindig-keitsregelung (FGR)
- Fahrgeschwindig-keitsbegrenzung
- Zylinderabschaltung (nur Nkw)
- Förderbeginn- und Förderdauerberechn.
- Steuerung der Voreinspritzung*
- zusätzliche Sonderanpassungen*

Diagnosefunktionen:
- Systemdiagnose
- Ersatzfunktionen
- Motordiagnose

Magnetventilendstufen
Leistungsendstufen
Signalausgänge
CAN-Kommunikation
Diagnose-Kommunikation
End-of-Line-Programmierung

Steuergerät EDC 15 M

+12V
CAN-Bus
DZG
MAB

Abgasrückführsteller

Ladedrucksteller

Klimakompressor

Zusätzliche Endstufen*

Aktoren

Warnlampe

Diagnoselampe

ISO-Schnittstelle (z. B. Diagnose)

Verbrauchs-signal (TQ)

Drehzahlsignal (TD)

Eingang für PWM-Signale*

CAN-Schnittstelle*

Glühzeit-steuergerät

Kommunikation

*optional
Bei Verteilerpumpen mit PSG 16 ist das Motorsteuergerät im Pumpensteuergerät integriert

SAE0749-1D

Unit Injector System UIS für Pkw

1 Übersicht der EDC-Komponenten für Unit Injector Systeme im Pkw

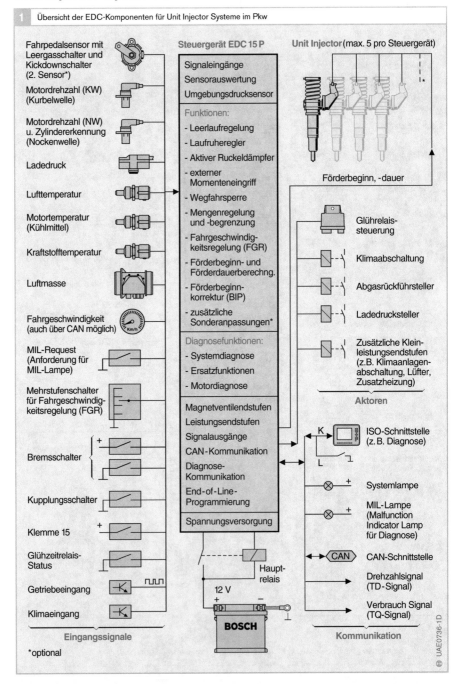

Fahrpedalsensor mit Leergasschalter und Kickdownschalter (2. Sensor*)

Motordrehzahl (KW) (Kurbelwelle)

Motordrehzahl (NW) u. Zylindererkennung (Nockenwelle)

Ladedruck

Lufttemperatur

Motortemperatur (Kühlmittel)

Kraftstofftemperatur

Luftmasse

Fahrgeschwindigkeit (auch über CAN möglich)

MIL-Request (Anforderung für MIL-Lampe)

Mehrstufenschalter für Fahrgeschwindigkeitsregelung (FGR)

Bremsschalter

Kupplungsschalter

Klemme 15

Glühzeitrelais-Status

Getriebeeingang

Klimaeingang

Eingangssignale

*optional

Steuergerät EDC 15 P

Signaleingänge
Sensorauswertung
Umgebungsdrucksensor

Funktionen:
- Leerlaufregelung
- Laufruheregler
- Aktiver Ruckeldämpfer
- externer Momenteneingriff
- Wegfahrsperre
- Mengenregelung und -begrenzung
- Fahrgeschwindigkeitsregelung (FGR)
- Förderbeginn- und Förderdauerberechng.
- Förderbeginnkorrektur (BIP)
- zusätzliche Sonderanpassungen*

Diagnosefunktionen:
- Systemdiagnose
- Ersatzfunktionen
- Motordiagnose

Magnetventilendstufen
Leistungsendstufen
Signalausgänge
CAN-Kommunikation
Diagnose-Kommunikation
End-of-Line-Programmierung

Spannungsversorgung

Hauptrelais

12 V

BOSCH

Unit Injector (max. 5 pro Steuergerät)

Förderbeginn, -dauer

Glührelaissteuerung

Klimaabschaltung

Abgasrückführsteller

Ladedrucksteller

Zusätzliche Kleinleistungsendstufen (z.B. Klimaanlagenabschaltung, Lüfter, Zusatzheizung)

Aktoren

ISO-Schnittstelle (z. B. Diagnose)

Systemlampe

MIL-Lampe (Malfunction Indicator Lamp für Diagnose)

CAN-Schnittstelle

Drehzahlsignal (TD-Signal)

Verbrauch Signal (TQ-Signal)

Kommunikation

UAE0736-1D

Unit Injector System UIS
und Unit Pump System UPS für Nkw

2 Übersicht der EDC-Komponenten für Unit Injector Systeme und Unit Pump Systeme im Nkw

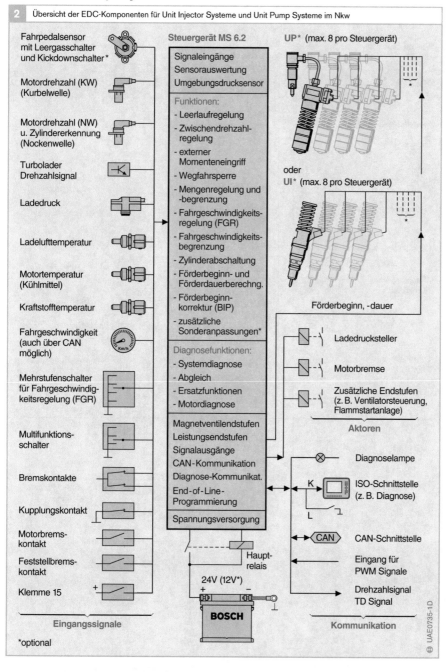

Fahrpedalsensor
mit Leergasschalter
und Kickdownschalter*

Motordrehzahl (KW)
(Kurbelwelle)

Motordrehzahl (NW)
u. Zylindererkennung
(Nockenwelle)

Turbolader
Drehzahlsignal

Ladedruck

Ladelufttemperatur

Motortemperatur
(Kühlmittel)

Kraftstofftemperatur

Fahrgeschwindigkeit
(auch über CAN
möglich)

Mehrstufenschalter
für Fahrgeschwindig-
keitsregelung (FGR)

Multifunktions-
schalter

Bremskontakte

Kupplungskontakt

Motorbrems-
kontakt

Feststellbrems-
kontakt

Klemme 15

Eingangssignale

*optional

Steuergerät MS 6.2

Signaleingänge
Sensorauswertung
Umgebungsdrucksensor

Funktionen:
- Leerlaufregelung
- Zwischendrehzahl-
  regelung
- externer
  Momenteneingriff
- Wegfahrsperre
- Mengenregelung und
  -begrenzung
- Fahrgeschwindigkeits-
  regelung (FGR)
- Fahrgeschwindigkeits-
  begrenzung
- Zylinderabschaltung
- Förderbeginn- und
  Förderdauerberechng.
- Förderbeginn-
  korrektur (BIP)
- zusätzliche
  Sonderanpassungen*

Diagnosefunktionen:
- Systemdiagnose
- Abgleich
- Ersatzfunktionen
- Motordiagnose

Magnetventilendstufen
Leistungsendstufen
Signalausgänge
CAN-Kommunikation
Diagnose-Kommunikat.
End-of-Line-
Programmierung

Spannungsversorgung

Haupt-
relais

24V (12V*)

BOSCH

UP* (max. 8 pro Steuergerät)

oder
UI* (max. 8 pro Steuergerät)

Förderbeginn, -dauer

Ladedrucksteller

Motorbremse

Zusätzliche Endstufen
(z.B. Ventilatorsteuerung,
Flammstartanlage)

Aktoren

Diagnoselampe

K   ISO-Schnittstelle
     (z.B. Diagnose)

L

CAN   CAN-Schnittstelle

Eingang für
PWM Signale

Drehzahlsignal
TD Signal

Kommunikation

UAE0735-1D

Common Rail System für Pkw

1   Übersicht der EDC-Komponenten für Common Rail Systeme im Pkw

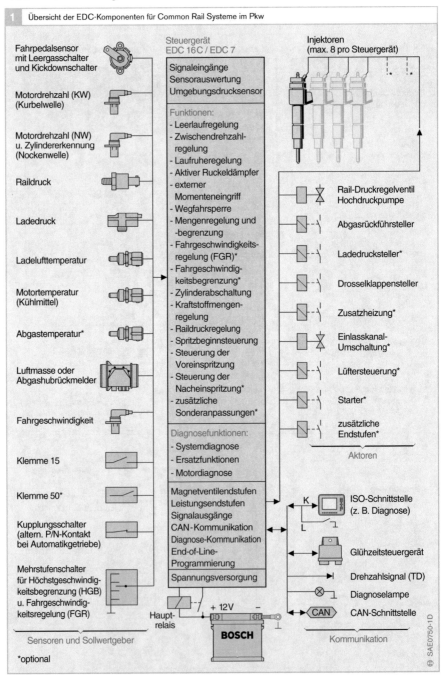

Sensoren und Sollwertgeber:

Fahrpedalsensor mit Leergasschalter und Kickdownschalter

Motordrehzahl (KW) (Kurbelwelle)

Motordrehzahl (NW) u. Zylindererkennung (Nockenwelle)

Raildruck

Ladedruck

Ladelufttemperatur

Motortemperatur (Kühlmittel)

Abgastemperatur*

Luftmasse oder Abgashubrückmelder

Fahrgeschwindigkeit

Klemme 15

Klemme 50*

Kupplungsschalter (altern. P/N-Kontakt bei Automatikgetriebe)

Mehrstufenschalter für Höchstgeschwindigkeitsbegrenzung (HGB) u. Fahrgeschwindigkeitsregelung (FGR)

*optional

Steuergerät EDC 16C / EDC 7:

Signaleingänge
Sensorauswertung
Umgebungsdrucksensor

Funktionen:
- Leerlaufregelung
- Zwischendrehzahlregelung
- Laufruheregelung
- Aktiver Ruckeldämpfer
- externer Momenteneingriff
- Wegfahrsperre
- Mengenregelung und -begrenzung
- Fahrgeschwindigkeitsregelung (FGR)*
- Fahrgeschwindigkeitsbegrenzung*
- Zylinderabschaltung
- Kraftstoffmengenregelung
- Raildruckregelung
- Spritzbeginnsteuerung
- Steuerung der Voreinspritzung
- Steuerung der Nacheinspritzung*
- zusätzliche Sonderanpassungen*

Diagnosefunktionen:
- Systemdiagnose
- Ersatzfunktionen
- Motordiagnose

Magnetventilendstufen
Leistungsendstufen
Signalausgänge
CAN-Kommunikation
Diagnose-Kommunikation
End-of-Line-Programmierung
Spannungsversorgung

Hauptrelais   + 12V −

BOSCH

Injektoren (max. 8 pro Steuergerät)

Aktoren:

Rail-Druckregelventil Hochdruckpumpe

Abgasrückführsteller

Ladedrucksteller*

Drosselklappensteller

Zusatzheizung*

Einlasskanal-Umschaltung*

Lüftersteuerung*

Starter*

zusätzliche Endstufen*

Kommunikation:

K   L   ISO-Schnittstelle (z. B. Diagnose)

Glühzeitsteuergerät

Drehzahlsignal (TD)

Diagnoselampe

CAN   CAN-Schnittstelle

SAE0750-1D

Common Rail System für Nkw

2 Übersicht der EDC-Komponenten für Common Rail Systeme im Nkw

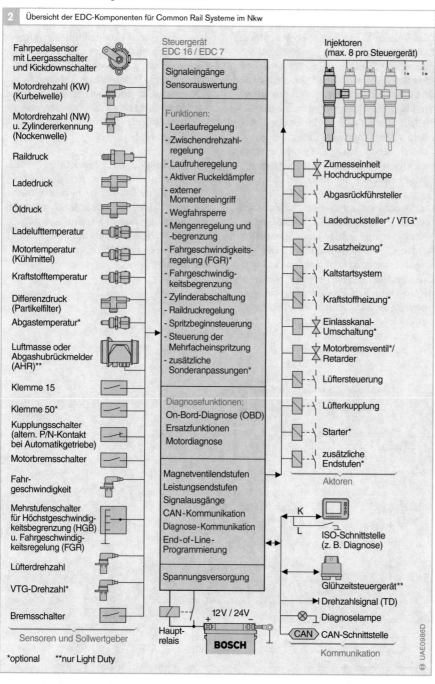

Fahrpedalsensor
mit Leergasschalter
und Kickdownschalter

Motordrehzahl (KW)
(Kurbelwelle)

Motordrehzahl (NW)
u. Zylindererkennung
(Nockenwelle)

Raildruck

Ladedruck

Öldruck

Ladelufttemperatur

Motortemperatur
(Kühlmittel)

Kraftstofftemperatur

Differenzdruck
(Partikelfilter)

Abgastemperatur*

Luftmasse oder
Abgashubrückmelder
(AHR)**

Klemme 15

Klemme 50*

Kupplungsschalter
(altern. P/N-Kontakt
bei Automatikgetriebe)

Motorbremsschalter

Fahr-
geschwindigkeit

Mehrstufenschalter
für Höchstgeschwindig-
keitsbegrenzung (HGB)
u. Fahrgeschwindig-
keitsregelung (FGR)

Lüfterdrehzahl

VTG-Drehzahl*

Bremsschalter

Sensoren und Sollwertgeber

Steuergerät
EDC 16 / EDC 7

Signaleingänge
Sensorauswertung

Funktionen:
- Leerlaufregelung
- Zwischendrehzahl-
  regelung
- Laufruheregelung
- Aktiver Ruckeldämpfer
- externer
  Momenteneingriff
- Wegfahrsperre
- Mengenregelung und
  -begrenzung
- Fahrgeschwindigkeits-
  regelung (FGR)*
- Fahrgeschwindig-
  keitsbegrenzung
- Zylinderabschaltung
- Raildruckregelung
- Spritzbeginnsteuerung
- Steuerung der
  Mehrfacheinspritzung
- zusätzliche
  Sonderanpassungen*

Diagnosefunktionen:
On-Bord-Diagnose (OBD)
Ersatzfunktionen
Motordiagnose

Magnetventilendstufen
Leistungsendstufen
Signalausgänge
CAN-Kommunikation
Diagnose-Kommunikation
End-of-Line-
Programmierung

Spannungsversorgung

Injektoren
(max. 8 pro Steuergerät)

Zumesseinheit
Hochdruckpumpe

Abgasrückführsteller

Ladedrucksteller* / VTG*

Zusatzheizung*

Kaltstartsystem

Kraftstoffheizung*

Einlasskanal-
Umschaltung*

Motorbremsventil*/
Retarder

Lüftersteuerung

Lüfterkupplung

Starter*

zusätzliche
Endstufen*

Aktoren

K
L
ISO-Schnittstelle
(z. B. Diagnose)

Glühzeitsteuergerät**

Drehzahlsignal (TD)

Diagnoselampe

CAN CAN-Schnittstelle

Kommunikation

12V / 24V

Haupt-
relais

BOSCH

*optional   **nur Light Duty

UAE0986D

Datenverarbeitung

Die wesentliche Aufgabe der Elektronischen Dieselregelung (EDC) ist die Steuerung der Einspritzmenge und des Einspritzzeitpunkts. Das Speichereinspritzsystem Common Rail regelt auch noch den Einspritzdruck. Außerdem steuert das Motorsteuergerät bei allen Systemen verschiedene Stellglieder an. Die Funktionen der Elektronischen Dieselregelung müssen auf jedes Fahrzeug und jeden Motor genau angepasst sein. Nur so können alle Komponenten optimal zusammenwirken (Bild 2).

Das Steuergerät wertet die Signale der Sensoren aus und begrenzt sie auf zulässige Spannungspegel. Einige Eingangssignale werden außerdem plausibilisiert. Der Mikroprozessor berechnet aus diesen Eingangsdaten und aus gespeicherten Kennfeldern die Lage und die Dauer der Einspritzung und setzt diese in zeitliche Signalverläufe um, die an die Kolbenbewegung des Motors angepasst sind. Das Berechnungsprogramm wird „Steuergeräte-Software" genannt.

Wegen der geforderten Genauigkeit und der hohen Dynamik des Dieselmotors ist eine hohe Rechenleistung notwendig. Mit den Ausgangssignalen werden Endstufen angesteuert, die genügend Leistung für die Stellglieder liefern (z. B. Hochdruck-Magnetventile für die Einspritzung, Abgasrückführsteller und Ladedrucksteller). Außerdem werden noch weitere Komponenten mit Hilfsfunktionen angesteuert (z. B. Glührelais und Klimaanlage).

Diagnosefunktionen der Endstufen für die Magnetventile erkennen auch fehlerhafte Signalverläufe. Zusätzlich findet über die Schnittstellen ein Signalaustausch mit anderen Fahrzeugsystemen statt. Im Rahmen eines Sicherheitskonzepts überwacht das Motorsteuergerät auch das gesamte Einspritzsystem.

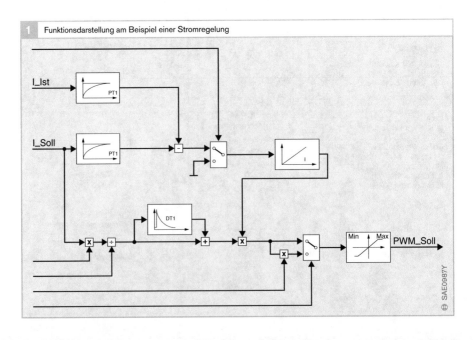

1   Funktionsdarstellung am Beispiel einer Stromregelung

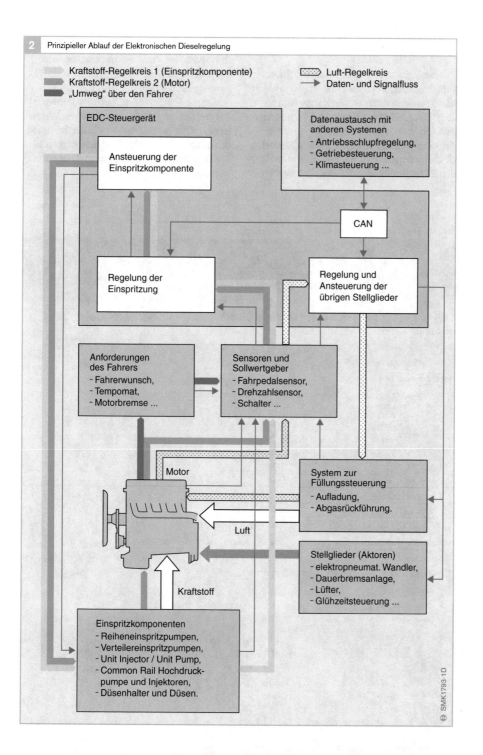

2 Prinzipieller Ablauf der Elektronischen Dieselregelung

Kraftstoff-Regelkreis 1 (Einspritzkomponente)
Kraftstoff-Regelkreis 2 (Motor)
„Umweg" über den Fahrer

Luft-Regelkreis
Daten- und Signalfluss

EDC-Steuergerät

Ansteuerung der
Einspritzkomponente

Datenaustausch mit
anderen Systemen
- Antriebsschlupfregelung,
- Getriebesteuerung,
- Klimasteuerung ...

CAN

Regelung der
Einspritzung

Regelung und
Ansteuerung der
übrigen Stellglieder

Anforderungen
des Fahrers
- Fahrerwunsch,
- Tempomat,
- Motorbremse ...

Sensoren und
Sollwertgeber
- Fahrpedalsensor,
- Drehzahlsensor,
- Schalter ...

Motor

System zur
Füllungssteuerung
- Aufladung,
- Abgasrückführung.

Luft

Stellglieder (Aktoren)
- elektropneumat. Wandler,
- Dauerbremsanlage,
- Lüfter,
- Glühzeitsteuerung ...

Kraftstoff

Einspritzkomponenten
- Reiheneinspritzpumpen,
- Verteilereinspritzpumpen,
- Unit Injector / Unit Pump,
- Common Rail Hochdruck-
   pumpe und Injektoren,
- Düsenhalter und Düsen.

SMK1793-1D

Regelung der Einspritzung

Tabelle 1 gibt eine Funktionsübersicht der verschiedenen Regelfunktionen, die mit den EDC-Steuergeräten möglich sind. Bild 1 zeigt den Ablauf der Einspritzberechnung mit allen Funktionen. Einige Funktionen sind Sonderausstattungen. Sie können bei Nachrüstungen auch nachträglich vom Kundendienst im Steuergerät aktiviert werden.

Damit der Motor in jedem Betriebszustand mit optimaler Verbrennung arbeitet, wird die jeweils passende Einspritzmenge im Steuergerät berechnet. Dabei müssen verschiedene Größen berücksichtigt werden. Bei einigen magnetventilgesteuerten Verteilereinspritzpumpen erfolgt die Ansteuerung der Magnetventile für Einspritzmenge und Spritzbeginn über ein separates **P**umpensteuergerät PSG.

1 Funktionsübersicht der EDC-Varianten für Kraftfahrzeuge					
Einspritzsystem	Reihenein-spritzpumpen	Kanten-gesteuerte Verteilerein-spritzpumpen	Magnetventil-gesteuerte Verteilerein-spritzpumpen	Unit Injector System und Unit Pump System	Common Rail System
	PE	VE-EDC	VE-M, VR-M	UIS, UPS	CR
Funktion					
Begrenzungsmenge	●	●	●	●	●
Externer Momenteneingriff	● [3]	●	●	●	●
Fahrgeschwindigkeits-begrenzung	● [3]	●	●	●	●
Fahrgeschwindigkeits-regelung	●	●	●	●	●
Höhenkorrektur	●	●	●	●	●
Ladedruckregelung	●	●	●	●	●
Leerlaufregelung	●	●	●	●	●
Zwischendrehzahlregelung	● [3]	●	●	●	●
Aktive Ruckeldämpfung	● [2]	●	●	●	●
BIP-Regelung	–	–	●	●	–
Einlasskanalabschaltung	–	–	●	● [2]	●
Elektronische Wegfahrsperre	● [2]	●	●	●	●
Gesteuerte Voreinspritzung	–	–	●	● [2]	●
Glühzeitsteuerung	● [2]	●	●	● [2]	●
Klimaabschaltung	● [2]	●	●	●	●
Kühlmittelzusatzheizung	● [2]	●	●	–	●
Laufruheregelung	● [2]	●	●	●	●
Mengenausgleichsregelung	● [2]	–	●	●	●
Lüfteransteuerung	–	●	●	●	●
Regelung der Abgas-rückführung	● [2]	●	●	● [2]	●
Spritzbeginnregelung mit Sensor	● [1], [3]	●	●	–	–
Zylinderabschaltung	–	–	● [3]	● [3]	● [3]

Tabelle 1
[1] Nur Hubschieber-Reiheneinspritzpumpen
[2] nur Pkw
[3] nur Nkw

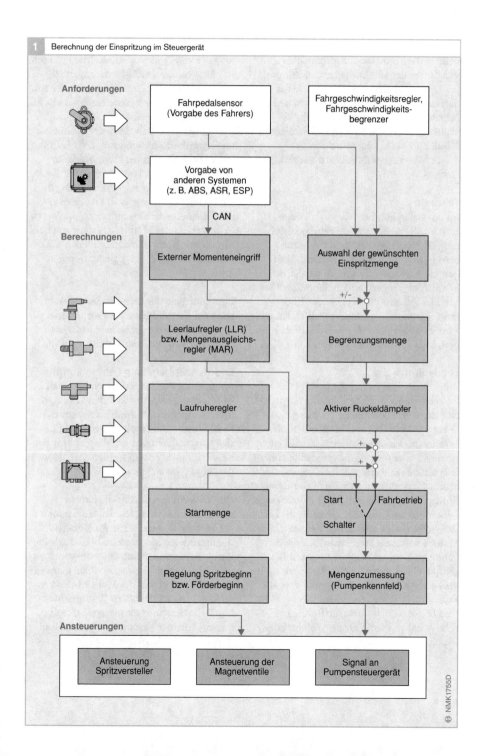

1   Berechnung der Einspritzung im Steuergerät

Startmenge

Beim Starten wird die Einspritzmenge abhängig von der Kühlmitteltemperatur und der Drehzahl berechnet. Die Signale für die Startmenge werden vom Einschalten des Fahrtschalters (Bild 1, Schalter geht in Stellung „Start") bis zum Erreichen einer Mindestdrehzahl ausgegeben.

Der Fahrer hat auf die Startmenge keinen Einfluss.

Fahrbetrieb

Im normalen Fahrbetrieb wird die Einspritzmenge abhängig von Fahrpedalstellung (Fahrpedalsensor) und Drehzahl berechnet (Bild 1, Schalterstellung „Fahrbetrieb"). Die Berechnung stützt sich auf Kennfelder, die auch andere Einflussgrößen berücksichtigen (z.B. Kraftstoff-, Kühlmittel- und Ansauglufttemperatur). Fahrerwunsch und Motorleistung sind somit bestmöglich aufeinander abgestimmt.

Leerlaufregelung

Aufgabe der Leerlaufregelung (LLR) ist es, im Leerlauf bei nicht betätigtem Fahrpedal eine definierte Solldrehzahl einzuregeln. Diese Solldrehzahl kann je nach Betriebszustand des Motors variieren; so wird zum Beispiel bei kaltem Motor meist eine höhere Leerlaufdrehzahl eingestellt als bei warmem Motor. Zusätzlich kann z.B. bei zu niedriger Bordspannung, eingeschalteter Klimaanlage oder rollendem Fahrzeug ebenfalls die Leerlauf-Solldrehzahl angehoben werden. Da der Motor im dichten Straßenverkehr relativ häufig im Leerlauf betrieben wird (z.B. „Stop and Go" oder Halt an Ampeln), sollte die Leerlaufdrehzahl aus Emissions- und Verbrauchsgründen möglichst niedrig sein. Dies bringt jedoch Nachteile für die Laufruhe des Motors und für das Anfahrverhalten mit sich.

Die Leerlaufregelung muss bei der Einregelung der vorgegebenen Solldrehzahl mit sehr stark schwankenden Anforderungen zurechtkommen. Der Leistungsbedarf der vom Motor angetriebenen Nebenaggregate ist in weiten Grenzen variabel.

Der Generator beispielsweise nimmt bei niedriger Bordspannung viel mehr Leistung auf als bei hoher; hinzu kommen Anforderungen des Klimakompressors, der Lenkhilfepumpe, der Hochdruckerzeugung für die Dieseleinspritzung usw. Zu diesen externen Lastmomenten kommt noch das interne Reibmoment des Motors, das stark von der Motortemperatur abhängt und ebenfalls vom Leerlaufregler ausgeglichen werden muss.

Zum Einregeln der Leerlauf-Solldrehzahl passt der Leerlaufregler die Einspritzmenge so lange an, bis die gemessene Istdrehzahl gleich der vorgegebenen Solldrehzahl ist.

Enddrehzahlregelung (Abregelung)

Aufgabe der Enddrehzahlregelung (auch Abregelung genannt) ist es, den Motor vor unzulässig hohen Drehzahlen zu schützen. Der Motorhersteller gibt hierzu eine zulässige Maximaldrehzahl vor, die nicht für längere Zeit überschritten werden darf, da sonst der Motor geschädigt wird.

Die Abregelung reduziert die Einspritzmenge oberhalb des Nennleistungspunktes des Motors kontinuierlich. Kurz oberhalb der maximalen Motordrehzahl findet keine Einspritzung mehr statt. Die Abregelung muss aber möglichst weich erfolgen, um ein ruckartiges Abregeln des Motors beim Beschleunigen zu verhindern (Rampenfunktion). Dies ist umso schwieriger zu realisieren, je dichter Nennleistungspunkt und Maximaldrehzahl zusammenliegen.

Zwischendrehzahlregelung

Die Zwischendrehzahlregelung (ZDR) wird für Nkw und Kleinlaster mit Nebenabtrieben (z. B. Kranbetrieb) oder für Sonderfahrzeuge (z. B. Krankenwagen mit Stromgenerator) eingesetzt. Ist sie aktiviert, wird der Motor auf eine lastunabhängige Zwischendrehzahl geregelt.

Die Zwischendrehzahlregelung wird über das Bedienteil der Fahrgeschwindigkeitsregelung bei Fahrzeugstillstand aktiviert. Auf Tastendruck lässt sich eine Festdrehzahl im Datenspeicher abrufen. Zusätzlich lassen sich über dieses Bedienteil beliebige Drehzahlen vorwählen. Des Weiteren wird sie bei Pkw mit automatisiertem Schaltgetriebe (z. B. Tiptronic) zur Regelung der Motordrehzahl während des Schaltvorgangs eingesetzt.

Fahrgeschwindigkeitsregelung

Der Fahrgeschwindigkeitsregler (auch Tempomat genannt) ermöglicht das Fahren mit konstanter Geschwindigkeit. Er regelt die Geschwindigkeit des Fahrzeugs auf einen gewünschten Wert ein, ohne dass der Fahrer das Fahrpedal betätigen muss. Dieser Wert kann über einen Bedienhebel oder über Lenkradtasten eingestellt werden. Die Einspritzmenge wird so lange erhöht oder verringert, bis die gemessene Ist-Geschwindigkeit der eingestellten Soll-Geschwindigkeit entspricht.

Bei einigen Fahrzeugapplikationen kann durch Betätigen des Fahrpedals über die momentane Soll-Geschwindigkeit hinaus beschleunigt werden. Wird das Fahrpedal wieder losgelassen, regelt der Fahrgeschwindigkeitsregler die letzte gültige Soll-Geschwindigkeit wieder ein.

Tritt der Fahrer bei eingeschaltetem Fahrgeschwindigkeitsregler auf das Kupplungsoder Bremspedal, so wird der Regelvorgang abgeschaltet. Bei einigen Applikationen kann auch über das Fahrpedal ausgeschalten werden.

Bei ausgeschaltetem Fahrgeschwindigkeitsregler kann mithilfe der Wiederaufnahmestellung des Bedienhebels die letzte gültige Soll-Geschwindigkeit wieder eingestellt werden.

Eine stufenweise Veränderung der Soll-Geschwindigkeit über die Bedienelemente ist ebenfalls möglich.

Fahrgeschwindigkeitsbegrenzung

Variable Begrenzung

Die Fahrgeschwindigkeitsbegrenzung (FGB, auch Limiter genannt) begrenzt die maximale Geschwindigkeit auf einen eingestellten Wert, auch wenn das Fahrpedal weiter betätigt wird. Dies ist vor allem bei leisen Fahrzeugen eine Hilfe für den Fahrer, der damit Geschwindigkeitsbegrenzungen nicht unabsichtlich überschreiten kann.

Die Fahrgeschwindigkeitsbegrenzung begrenzt zu diesem Zweck die Einspritzmenge entsprechend der maximalen Soll-Geschwindigkeit. Sie wird durch den Bedienhebel oder durch „Kick-down" abgeschaltet. Die letzte gültige Soll-Geschwindigkeit kann mit Hilfe der Wiederaufnahmestellung des Bedienhebels wieder aufgerufen werden. Eine stufenweise Veränderung der Soll-Geschwindigkeit über den Bedienhebel ist ebenfalls möglich.

Feste Begrenzung

In vielen Staaten schreibt der Gesetzgeber feste Höchstgeschwindigkeiten für bestimmte Fahrzeugklassen vor (z. B. für schwere Nkw). Auch die Fahrzeughersteller begrenzen die maximale Geschwindigkeit durch eine feste Fahrgeschwindigkeitsbegrenzung. Sie kann nicht abgeschaltet werden.

Bei Sonderfahrzeugen können auch fest einprogrammierte Geschwindigkeitsgrenzen vom Fahrer angewählt werden (z. B. wenn bei Müllwagen Personen auf den hinteren Trittflächen stehen).

Aktive Ruckeldämpfung

Bei plötzlichen Lastwechseln regt die Drehmomentänderung des Motors den Fahrzeugantriebsstrang zu Ruckelschwingungen an. Fahrzeuginsassen nehmen diese Ruckelschwingungen als unangenehme periodische Beschleunigungsänderungen wahr (Bild 2, Kurve a). Aufgabe des Aktiven Ruckeldämpfers (ARD) ist es, diese Beschleunigungsänderungen zu verringern (b). Dies geschieht durch zwei getrennte Maßnahmen:

- Bei plötzlichen Änderungen des vom Fahrer gewünschten Drehmoments (Fahrpedal) reduziert eine genau abgestimmte Filterfunktion die Anregung des Triebstrangs (1).
- Schwingungen des Triebstrangs werden anhand des Drehzahlsignals erkannt und über eine aktive Regelung gedämpft. Diese reduziert die Einspritzmenge bei ansteigender Drehzahl und erhöht sie bei fallender Drehzahl, um so den entstehenden Drehzahlschwingungen entgegenzuwirken (2).

Laufruheregelung/Mengenausgleichsregelung

Nicht alle Zylinder eines Motors erzeugen bei einer gleichen Einspritzdauer das gleiche Drehmoment. Dies kann an Unterschieden in der Zylinderverdichtung, Unterschieden in der Zylinderreibung oder Unterschieden in den hydraulischen Einspritzkomponenten liegen. Folge dieser Drehmomentunterschiede ist ein unrunder Motorlauf und eine Erhöhung der Motoremissionen.

Die Laufruheregelung (LRR) bzw. die Mengenausgleichsregelung (MAR) haben die Aufgabe, solche Unterschiede anhand der daraus resultierenden Drehzahlschwankungen zu erkennen und über eine gezielte Anpassung der Einspritzmenge des betreffenden Zylinders auszugleichen. Hierzu wird die Drehzahl nach der Einspritzung in einen bestimmten Zylinder mit einer gemittelten Drehzahl verglichen. Liegt die Drehzahl des betreffenden Zylinders zu tief, wird die Einspritzmenge erhöht; liegt sie zu hoch, muss die Einspritzmenge reduziert werden (Bild 3).

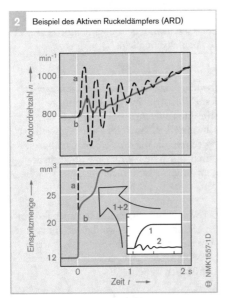

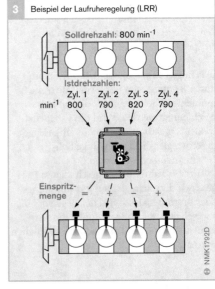

Bild 2   Beispiel des Aktiven Ruckeldämpfers (ARD)

Bild 3   Beispiel der Laufruheregelung (LRR)

Bild 2
a   Ohne aktivem Ruckeldämpfer
b   mit aktivem Ruckeldämpfer
1   Filterfunktion
2   aktive Korrektur

Die Laufruheregelung ist eine Komfortfunktion, deren primäres Ziel die Verbesserung der Motorlaufruhe im Bereich der Leerlaufdrehzahl ist. Die Mengenausgleichsregelung soll zusätzlich zur Komfortverbesserung im Leerlauf die Emissionen im mittleren Drehzahlbereich durch eine Gleichstellung der Einspritzmengen der Motorzylinder verbessern.

Für Nkw wird die Mengenausgleichsregelung auch AZG (Adaptive-Zylinder-Gleichstellung) bzw. SRC (Smooth Running Control) genannt.

Begrenzungsmenge

Würde immer die vom Fahrer gewünschte oder physikalisch mögliche Kraftstoffmenge eingespritzt werden, könnten folgende Effekte auftreten:
- zu hohe Schadstoffemissionen,
- zu hoher Rußausstoß,
- mechanische Überlastung wegen zu hohem Drehmoment oder Überdrehzahl,
- thermische Überlastung wegen zu hoher Abgas-, Kühlmittel-, Öl- oder Turboladertemperatur oder
- thermische Überlastung der Magnetventile durch zu lange Ansteuerzeiten.

Um diese unerwünschten Effekte zu vermeiden, wird eine Begrenzung aus verschiedenen Eingangsgrößen gebildet (z. B. angesaugte Luftmasse, Drehzahl und Kühlmitteltemperatur). Die maximale Einspritzmenge und damit das maximale Drehmoment werden somit begrenzt.

Motorbremsfunktion

Beim Betätigen der Motorbremse von Nkw wird die Einspritzmenge alternativ entweder auf Null- oder Leerlaufmenge eingeregelt. Das Steuergerät erfasst für diesen Zweck die Stellung des Motorbremsschalters.

Höhenkorrektur

Mit steigender Höhe nimmt der Atmosphärendruck ab. Somit wird auch die Zylinderfüllung mit Verbrennungsluft geringer. Deshalb muss die Einspritzmenge reduziert werden. Würde die gleiche Menge wie bei hohem Atmosphärendruck eingespritzt, käme es wegen Luftmangel zu starkem Rauchausstoß.

Der Atmosphärendruck wird vom Umgebungsdrucksensor im Steuergerät erfasst. Damit kann die Einspritzmenge in großen Höhen reduziert werden. Der Atmosphärendruck hat auch Einfluss auf die Ladedruckregelung und die Drehmomentbegrenzung.

Zylinderabschaltung

Wird bei hohen Motordrehzahlen ein geringes Drehmoment gewünscht, muss sehr wenig Kraftstoff eingespritzt werden. Eine andere Möglichkeit zur Reduzierung des Drehmoments ist die Zylinderabschaltung. Hierbei wird die Hälfte der Injektoren abgeschaltet (UIS-Nkw, UPS, CR-System). Die verbleibenden Injektoren spritzen dann eine entsprechend höhere Kraftstoffmenge ein. Diese Menge kann mit höherer Genauigkeit zugemessen werden.

Durch spezielle Software-Algorithmen können weiche Übergänge ohne spürbare Drehmomentänderungen beim Zu- und Abschalten der Injektoren erreicht werden.

Injektormengenabgleich

Um die hohe Präzision des Einspritzsystems weiter zu verbessern und über die Fahrzeuglebensdauer zu gewährleisten, kommen für Common Rail (CR)- und UIS/UPS-Systeme neue Funktionen zum Einsatz.

Für den Injektormengenabgleich (IMA) wird innerhalb der Injektorfertigung für jeden Injektor eine Vielzahl von Messdaten erfasst, die in Form eines Datenmatrix-Codes auf den Injektor aufgebracht werden. Beim Piezo-Inline-Injektor werden zusätzlich auch Informationen über das Hubverhalten hinzugefügt. Diese Informationen werden während der Fahrzeugfertigung in das Steuergerät übertragen. Während des Motorbetriebs werden diese Werte zur Kompensation von Abweichungen im Zumess- und Schaltverhalten verwendet.

Nullmengenkalibrierung

Von besonderer Bedeutung für die gleichzeitige Erreichung von Komfort- (Geräuschminderung) und Emissionszielen ist die sichere Beherrschung kleiner Voreinspritzungen über die Fahrzeuglebensdauer. Mengendriften der Injektoren müssen deshalb kompensiert werden. Hierzu werden in CR-Systemen der 2. und 3. Generation im Schubbetrieb gezielt in einen Zylinder eine kleine Kraftstoffmenge eingespritzt. Der Drehzahlsensor detektiert die daraus entstehende Drehmomentanhebung als kleine dynamische Drehzahländerung. Diese vom Fahrer nicht spürbare Drehmomentsteigerung ist in eindeutiger Weise mit der eingespritzten Kraftstoffmenge verknüpft. Der Vorgang wird nacheinander für alle Zylinder und für verschiedene Betriebspunkte wiederholt. Ein Lernalgorithmus stellt kleinste Veränderungen der Voreinspritzmenge fest und korrigiert die Ansteuerdauer für die Injektoren entsprechend für alle Voreinspritzungen.

Mengenmittelwertadaption

Für die korrekte Anpassung von Abgasrückführung und Ladedruck wird die Abweichung der tatsächlich eingespritzten Kraftstoffmenge vom Sollwert benötigt. Die Mengenmittelwertadaption (MMA) ermittelt dazu aus den Signalen von Lambda-Sonde und Luftmassenmesser den über alle Zylinder gemittelten Wert der eingespritzten Kraftstoffmenge. Aus dem Vergleich von Sollwert und Istwert werden Korrekturwerte berechnet (s. „Lambda-Regelung für Pkw-Dieselmotoren").

Die Lernfunktion MMA garantiert im unteren Teillastbereich gleich bleibend gute Emissionswerte über die Fahrzeuglebensdauer.

Druckwellenkorrektur

Einspritzungen lösen bei allen CR-Systemen Druckwellen in der Leitung zwischen Düse und Rail aus. Diese Druckschwingungen beeinflussen systematisch die Einspritzmenge späterer Einspritzungen (Vor-/Haupt-/Nacheinspritzungen) innerhalb eines Verbrennungszyklus. Die Abweichungen späterer Einspritzungen sind abhängig von den zuvor eingespritzten Mengen und dem zeitlichen Abstand der Einspritzungen, dem Raildruck und der Kraftstofftemperatur. Durch Berücksichtigung dieser Parameter in geeigneten Kompensationsalgorithmen berechnet das Steuergerät eine Korrektur.

Allerdings ist für diese Korrekturfunktion ein sehr hoher Applikationsaufwand erforderlich. Als Vorteil erhält man die Möglichkeit, den Abstand von z. B. Vor- und Haupteinspritzung flexibel zur Optimierung der Verbrennung anpassen zu können.

Funktionsbeschreibung

Der Injektormengenabgleich (IMA) ist eine Softwarefunktion zur Steigerung der Mengenzumessgenauigkeit und gleichzeitig der Injektor-Gutausbringung am Motor. Die Funktion hat die Aufgabe, die Einspritzmenge für jeden Injektor eines CR-Systems im gesamten Kennfeldbereich individuell auf den Sollwert zu korrigieren. Dadurch ergibt sich eine Reduktion der Systemtoleranzen und des Emissionsstreubandes. Die für die IMA benötigten Abgleichwerte stellen die Differenz zum Sollwert des jeweiligen Werksprüfpunktes dar und werden in verschlüsselter Form auf jeden Injektor beschriftet.

Mithilfe eines Korrekturkennfeldes, das mit den Abgleichwerten eine Korrekturmenge errechnet, wird der gesamte motorisch relevante Bereich korrigiert. Am Bandende des Automobilherstellers werden die EDC-Abgleichwerte der verbauten Injektoren und die Zuordnung zu den Zylindern über EOL-Programmierung in das Steuergerät programmiert. Auch bei einem Injektoraustausch in der Kundendienstwerkstatt werden die Abgleichwerte neu programmiert.

Notwendigkeit dieser Funktion

Die technischen Aufwendungen für eine weitere Einengung der Fertigungstoleranzen von Injektoren steigen exponentiell und erscheinen finanziell unwirtschaftlich. Der IMA stellt die zielführende Lösung dar, die Gutausbringung zu erhöhen und gleichzeitig die motorische Mengenzumessgenauigkeit und damit die Emissionen zu verbessern.

Messwerte bei der Prüfung

Bei der Bandendeprüfung wird jeder Injektor an mehreren Punkten, die repräsentativ für das Streuverhalten dieses Injektortyps sind, gemessen. An diesen Punkten werden die Abweichungen zum Sollwert (Abgleichwerte) berechnet und anschließend auf dem Injektorkopf beschriftet.

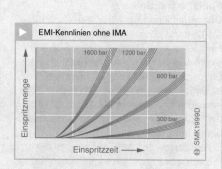

▶ EMI-Kennlinien ohne IMA

Bild 1
Kennlinien verschiedener Injektoren in Abhängigkeit des Raildrucks.
Der IMA reduziert die Streubreite der Kennlinien.
EMI Einspritzmengenindikator

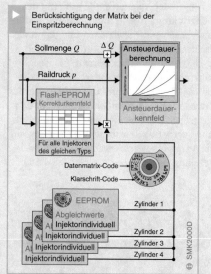

▶ Berücksichtigung der Matrix bei der Einspritzberechnung

Bild 2
Berechnung der Injektor-Ansteuerdauer aus Sollmenge, Raildruck und Korrekturwerten

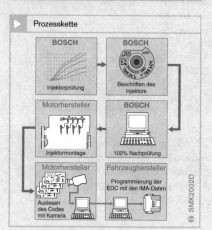

▶ Prozesskette

Bild 3
Darstellung der Prozesskette vom Injektorabgleich bei Bosch bis zur Bandende-Programmierung beim Fahrzeughersteller

Spritzbeginnregelung

Der Spritzbeginn hat einen starken Einfluss auf Leistung, Kraftstoffverbrauch, Geräuschemissionen und Abgasverhalten. Sein Sollwert hängt von der Motordrehzahl und der Einspritzmenge ab. Er ist im Steuergerät in Kennfeldern gespeichert. Weiterhin kann noch eine Korrektur in Abhängigkeit von der Kühlmitteltemperatur und dem Umgebungsdruck erfolgen.

Fertigungs- und Anbautoleranzen der Einspritzpumpe an den Motor sowie Veränderungen der Magnetventile während der Laufzeit können zu geringen Unterschieden der Magnetventilschaltzeiten und damit zu unterschiedlichen Spritzbeginnen führen. Auch das Ansprechverhalten der Düsenhalterkombination verändert sich über die Laufzeit. Die Dichte und die Temperatur des Kraftstoffs haben ebenfalls Einfluss auf den Spritzbeginn. Diese Einflüsse müssen durch eine Regelstrategie kompensiert werden, um die Abgasgrenzwerte einzuhalten. Folgende Regelungen werden eingesetzt (Tabelle 2):

Regelung mit Nadelbewegungssensor

Ein induktiver Nadelbewegungssensor in einer Einspritzdüse (Referenzdüse, meist Zylinder 1) gibt beim Öffnen und Schließen der Düsennadel jeweils einen Impuls ab (Bild 4). Das beim Öffnen der Düse abgegebene Signal dient dem Steuergerät als Rückmeldung für den Spritzbeginn. Der Spritzbeginn kann damit in einem geschlossenen Regelkreis dem Sollwert für den jeweiligen Betriebspunkt exakt nachgeführt werden.

In der zugehörigen Auswerteschaltung wird aus dem „Rohsignal" des Nadelbewegungssensors nach Entstörung und Verstärkung ein präzise auswertbarer Rechteckimpuls geformt, der jeweils den Spritzbeginn für einen Referenzzylinder anzeigt.

Das Steuergerät steuert das Stellwerk für den Spritzbeginn (Magnetstellwerk bei Reiheneinspritzpumpen, Spritzverstellermagnetventil bei Verteilereinspritzpumpen), damit der Istwert des Spritzbeginns stets dem aktuellen Sollwert entspricht.

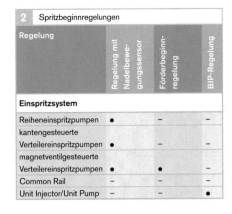

Tabelle 2

2 Spritzbeginnregelungen			
Regelung	Regelung mit Nadelbewegungssensor	Förderbeginnregelung	BIP-Regelung
Einspritzsystem			
Reiheneinspritzpumpen kantengesteuerte	●	–	–
Verteilereinspritzpumpen magnetventilgesteuerte	●	–	–
Verteilereinspritzpumpen	●	●	–
Common Rail	–	–	–
Unit Injector/Unit Pump	–	–	●

Die Hochspannungsansteuerung beim Common Rail System ermöglicht so genau reproduzierbare Einspritzbeginne, dass hier auf die Spritzbeginnregelung verzichtet werden kann.

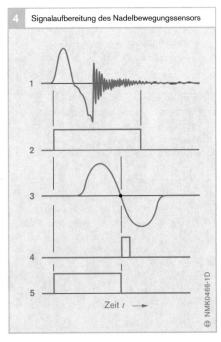

4   Signalaufbereitung des Nadelbewegungssensors

Zeit *t* ⟶

⊕ NMK0466-1D

Bild 4

1 Rohsignal des Nadelbewegungssensors
2 davon abgeleitetes Signal
3 Rohsignal des Drehzahlsensors (induktiv)
4 davon abgeleitetes Signal
5 ausgewertetes Einspritzbeginnsignal

Das Spritzbeginnsignal kann nur ausgewertet werden, solange Kraftstoff eingespritzt wird und die Drehzahl stabil ist. Vor und während der Starterbetätigung und im Schubbetrieb (keine Einspritzung) liegt kein verwertbares Signal des Nadelbewegungssensors vor. Der Regelkreis für den Spritzbeginn kann deshalb nicht geschlossen werden, weil die Rückmeldung des Spritzbeginns fehlt. Der Regler wird dann abgeschaltet und der Spritzbeginn muss gesteuert werden.

Reiheneinspritzpumpen
Bei Reiheneinspritzpumpen verbessert ein zusätzlich vorhandener digitaler Stromregler die Genauigkeit und Dynamik der Regelung, indem er den Strom nahezu ohne Zeitverzug dem Sollwert des Spritzbeginnreglers nachführt.

Um auch im gesteuerten Betrieb die Genauigkeit für den Spritzbeginn zu gewährleisten, wird der Förderbeginnmagnet im Hubschieber-Stellwerk zur Reduzierung von Toleranzeinflüssen abgeglichen. Der Stromregler kompensiert den Einfluss des temperaturabhängigen Widerstands der Magnetspule. Mit diesen Maßnahmen ist sichergestellt, dass der aus dem Startkennfeld ermittelte Sollwert für den Strom zum richtigen Hub des Förderbeginnmagneten und zum gewünschten Spritzbeginn führt.

Förderbeginnregelung über IWZ-Signal
Bei den magnetventilgesteuerten Verteilereinspritzpumpen (VP30, VP44) ist auch ohne Nadelbewegungssensor eine gute Genauigkeit des Spritzbeginns erzielbar. Dies wird durch eine Lageregelung des Spritzverstellers in der Verteilereinspritzpumpe erreicht. Mit dieser Art der Regelung wird der Förderbeginn geregelt. Deshalb bezeichnet man sie auch als Förderbeginnregelung. Förderbeginn und Spritzbeginn stehen in einem direkten Verhältnis zueinander. Dieser Zusammenhang wird im *Wellenlaufzeitkennfeld* im Motorsteuergerät abgelegt.

Die Lageregelung des Spritzverstellers verwendet als Eingangsgrößen das Signal des Kurbelwellendrehzahlsensors und das pumpeninterne IWZ-Signal (Inkrementales-Winkel-Zeit-Signal, Bild 5).

Das IWZ-Signal wird vom pumpeninternen Drehzahl- bzw. Drehwinkelsensor (1) am Geberrad (2) der Antriebswelle erzeugt. Dieser Sensor wird zusammen mit dem Spritzversteller verschoben (4). Verändert der Spritzversteller seine Position, verändert sich auch die Position der Zahnlücke (3) des Geberrades relativ zum OT-Impuls des Kurbelwellendrehzahlsensors. Der Winkel zwischen der Zahnlücke bzw. des durch die Zahnlücke generierten Synchro-Impulses und dem OT-Impuls wird durch das Pumpensteuergerät ständig erfasst und mit dem gespeicherten Referenzwert verglichen. Die Differenz beider Winkel ergibt die Ist-Position des Spritzverstellers. Diese wird ständig mit der Soll-Position verglichen. Weicht die Position ab, wird das Ansteuersignal für das Spritzversteller-Magnetventil so lange verändert, bis die Soll-Position erreicht ist.

Vorteil dieser Förderbeginnregelung ist das schnelle Ansprechverhalten, da alle Zylinder berücksichtigt werden. Ein weiterer Vorteil der Förderbeginnregelung ist, dass sie auch im Schubbetrieb funktioniert, bei dem nicht

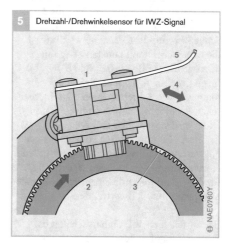

5 Drehzahl-/Drehwinkelsensor für IWZ-Signal

Bild 5
1 Drehzahl-/Drehwinkelsensor in der Einspritzpumpe
2 Geberrad
3 Zahnlücke des Geberrades
4 Verstellweg durch Spritzversteller
5 elektrischer Anschluss

eingespritzt wird. So kann der Spritzversteller für die folgende Einspritzung voreingestellt werden.

Falls an die Genauigkeit des Spritzbeginns noch höhere Anforderungen gestellt werden, kann der Förderbeginnregelung optional noch eine Spritzbeginnregelung mit Nadelbewegungssensor überlagert werden.

BIP-Regelung

Die BIP-Regelung wird bei den magnetventilgesteuerten Systemen Unit Injector (UIS) und Unit Pump (UPS) eingesetzt. Der Förderbeginn – oder kurz BIP (Begin of Injection Period) – ist als der Zeitpunkt definiert, ab dem das Magnetventil geschlossen ist. Ab diesem Zeitpunkt beginnt der Druckaufbau im Pumpenhochdruckraum. Nach Überschreiten des Düsennadelöffnungsdrucks öffnet die Düse und der Einspritzvorgang beginnt (Spritzbeginn). Die Kraftstoffzumessung findet zwischen Förderbeginn und Ansteuerende des Magnetventils statt und wird Förderdauer genannt.

Durch den direkten Zusammenhang zwischen Förder- und Spritzbeginn genügt es für eine exakte Regelung des Spritzbeginns, Kenntnis über den Zeitpunkt des Förderbeginns zu haben.

Um eine zusätzliche Sensorik (z. B. einen Nadelbewegungssensor) zu vermeiden, wird der Förderbeginn durch eine elektronische Auswertung des Magnetventilstroms detektiert (erkannt). Im Bereich des erwarteten Schließzeitpunkts des Magnetventils wird die Ansteuerung mit konstanter Spannung durchgeführt (BIP-Fenster, Bild 6, Pos. 1). Induktive Effekte beim Schließen des Magnetventils führen zu einer charakteristischen Ausprägung des Magnetventilstroms. Diese wird vom Steuergerät erfasst und ausgewertet. Die Abweichung vom erwarteten Sollwert des Schließzeitpunkts wird für jede einzelne Einspritzung abgespeichert und für die darauf folgende Einspritzsequenz als Kompensationswert verwendet.

Bei Ausfall eines BIP-Signals schaltet das Steuergerät auf gesteuerten Betrieb um.

Abstellen

Das Arbeitsprinzip *Selbstzündung* hat zur Folge, dass der Dieselmotor nur durch Unterbrechen der Kraftstoffzufuhr zum Stillstand gebracht werden kann.

Bei der elektronischen Dieselregelung wird der Motor über die Vorgabe des Steuergeräts „Einspritzmenge Null" abgestellt (z. B. keine Ansteuerung der Magnetventile oder Regelstangenposition „Nullförderung").

Daneben gibt es eine Reihe redundanter (zusätzlicher) Abstellpfade (z. B. Elektrisches Abstellventil, ELAB, der kantengesteuerten Verteilereinspritzpumpen).

Die Systeme Unit Injector und Unit Pump sind eigensicher, d. h. es kann höchstens ein Mal ungewollt eingespritzt werden. Deshalb sind hier keine zusätzlichen Abstellpfade nötig.

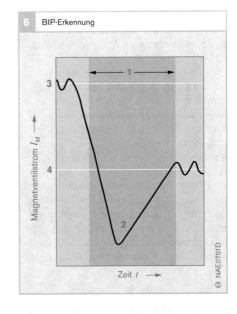

6   BIP-Erkennung

Magnetventilstrom I_M →

Zeit t →

NAE0751D

Bild 6
1   BIP-Fenster
2   BIP-Signal
3   Anzugsstromniveau
4   Haltestromniveau

Zusätzliche Sonder-anpassungen

Neben den Grundfunktionen ermöglicht die EDC eine Vielzahl weiterer Funktionen. Dies sind zum Beispiel:

Drive Recorder
Der Drive Recorder bei Nkw zeichnet die Betriebsbedingungen des Motors auf (z. B. wie lange, bei welcher Temperatur, unter welcher Last, bei welcher Drehzahl gefahren wurde). Mit diesen Daten werden die Einsatzbedingungen erfasst und somit z. B. die Service-Intervalle individuell berechnet.

Sonderapplikation für Race-Trucks
Bei Race-Trucks (Motorsport) darf die Höchstgeschwindigkeit von 160 km/h um maximal 2 km/h überschritten werden. Gleichzeitig soll diese aber möglichst schnell erreicht werden. Die Rampenfunktion der Fahrgeschwindigkeitsbegrenzung muss deshalb besonders angepasst werden.

Offroad-Anpassungen
Im Bereich der Dieselapplikationen versteht man unter Offroad-Anpassung nicht die Applikationen des Einspritzsystems an Kraftfahrzeuge, die sich außerhalb der Straßen im Gelände bewegen können, sondern an alle „Nicht-Kraftfahrzeuge" wie z. B. Diesellokomotiven, Triebwagen, Baumaschinen, landwirtschaftliche Maschinen und Boote. Die Dieselmotoren werden bei diesen Anwendungen viel häufiger im Volllastbereich betrieben, als dies bei Straßenfahrzeugen der Fall ist (bis zu 90 % Volllastanteil statt 30 %). Deshalb muss die Leistung dieser Motoren reduziert werden, um eine angemessene Lebensdauer der Motoren gewährleisten zu können.

Die Kilometerleistung, die bei Straßenfahrzeugen oft zur Berechnung des Serviceintervalls herangezogen wird, ist bei Offroad-Anwendungen nicht verfügbar bzw. nichts sagend. Hier werden ersatzweise die Daten des Drive Recorders herangezogen.

 Race-Trucks

Die Dieselmotoren und Einspritzsysteme für die für Rennen präparierten Nkw – die Race-Trucks – werden auf die besonderen Verhältnisse des Rennsports angepasst. Zum Beispiel werden die Motoren eines Serien-Nkw mit ca. 300 kW (410 PS) für die Rennen auf ca. 1100 kW (1500 PS) getunt. Dies bedeutet: höhere Drehzahlen, höhere Zylinderfüllung (Luftmasse) und damit höhere Einspritzmengen in kürzerer Zeit.

Die Motoren werden im Rennen im Bereich von $\lambda = 1$ gefahren. Das bedeutet noch höhere Einspritzmengen. Dazu werden größere Pumpenelemente und spezielle Einspritzdüsen verwendet. Auch die Einspritznocken – falls vorhanden – müssen steiler geformt sein.

Die Elektronik muss, wie beim Serienfahrzeug, sehr exakt regeln. Die genaue Einhaltung der Maximalgeschwindigkeit erfordert im Bereich der Abregelung spezielle Regelfunktionen. Ansonsten entspricht die Elektronische Dieselregelung (EDC) der Serienausführung.

(Quelle: MAN)

NMM0596Y

Lambda-Regelung für Pkw-Dieselmotoren

Anwendung

Die gesetzlich vorgeschriebenen Abgasgrenzwerte für Fahrzeuge mit Dieselmotoren werden zunehmend verschärft. Neben der Optimierung der innermotorischen Verbrennung gewinnen die Steuerung und die Regelung abgasrelevanter Funktionen zunehmend an Bedeutung. Ein großes Potenzial zu Verringerung der Emissionsstreuungen von Dieselmotoren bietet hier die Einführung der Lambda-Regelung.

Die Breitband-Lambda-Sonde im Abgasrohr (Bild 1, Pos. 7) misst den Restsauerstoffgehalt im Abgas. Daraus kann auf das Luft-Kraftstoff-Verhältnis (Luftzahl λ) geschlossen werden. Das Signal der Lambda-Sonde wird während des Motorbetriebs adaptiert. Dadurch wird eine hohe Signalgenauigkeit über deren Lebensdauer erreicht. Auf dieses Signal bauen verschiedene Lambda-Funktionen auf, die in den folgenden Abschnitten erklärt werden.

Für die Regeneration von NO_X-Speicherkatalysatoren werden Lambda-Regelkreise eingesetzt.

Die Lambda-Regelung eignet sich für alle Pkw-Einspritzsysteme mit Motorsteuergeräten ab der Generation EDC16.

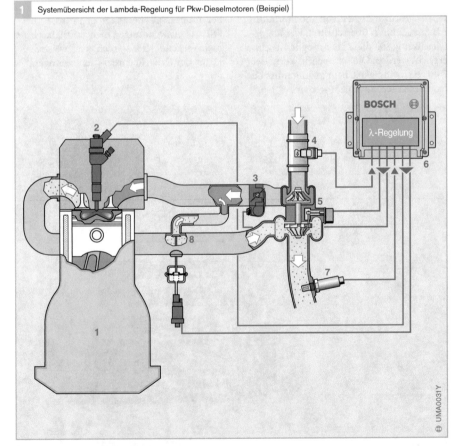

1   Systemübersicht der Lambda-Regelung für Pkw-Dieselmotoren (Beispiel)

Bild 1
1   Dieselmotor
2   Einspritzkomponente (hier Common Rail Injektor)
3   Regelklappe
4   Heißfilm-Luftmassenmesser
5   Turbolader (hier VTG-Lader)
6   EDC-Motorsteuergerät
7   Breitband-Lambda-Sonde
8   Abgasrückführventil

Grundfunktionen

Druckkompensation

Das Rohsignal der Lambda-Sonde hängt von der Sauerstoffkonzentration im Abgas sowie vom Abgasdruck am Einbauort der Sonde ab. Deshalb muss der Einfluss des Drucks auf das Sondensignal ausgeglichen (kompensiert) werden.

Die Funktion *Druckkompensation* enthält je ein Kennfeld für den Abgasdruck und für die Druckabhängigkeit des Messsignals der Lambda-Sonde. Mithilfe dieser Modelle erfolgt die Korrektur des Messsignals bezogen auf den jeweiligen Betriebspunkt.

Adaption

Die Adaption der Lambda-Sonde berücksichtigt im Schub die Abweichung der gemessenen Sauerstoffkonzentration von der Frischluft-Sauerstoffkonzentration (ca. 21 %). So wird ein Korrekturwert „erlernt". Mit dieser erlernten Abweichung

kann in jedem Betriebspunkt des Motors die gemessene Sauerstoffkonzentration korrigiert werden. Damit liegt über die gesamte Lebensdauer der Lambda-Sonde ein genaues, driftkompensiertes Signal vor.

Lambda-basierte Regelung der Abgasrückführung

Die Erfassung des Sauerstoffgehalts im Abgas ermöglicht – verglichen mit einer luftmassenbasierten Abgasrückführung – ein engeres Toleranzband der Emissionen über die Fahrzeugflotte. Damit können im Abgastest für zukünftige Grenzwerte ca. 10...20 % Emissionsvorteil gewonnen werden.

Mengenmittelwertadaption

Die Mengenmittelwertadaption liefert ein genaues Einspritzmengensignal für die Sollwertbildung abgasrelevanter Regelkreise. Den größten Einfluss auf die Emissionen hat dabei die Korrektur der Abgasrückführung.

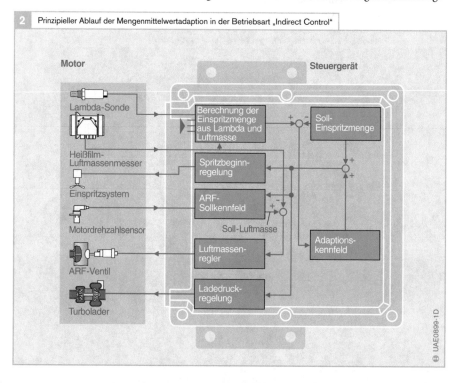

2   Prinzipieller Ablauf der Mengenmittelwertadaption in der Betriebsart „Indirect Control"

Motor

Lambda-Sonde

Heißfilm-Luftmassenmesser

Einspritzsystem

Motordrehzahlsensor

ARF-Ventil

Turbolader

Steuergerät

Berechnung der Einspritzmenge aus Lambda und Luftmasse

Spritzbeginn-regelung

ARF-Sollkennfeld

Soll-Luftmasse

Luftmassen-regler

Ladedruck-regelung

Soll-Einspritzmenge

Adaptions-kennfeld

UAE0899-1D

Die Mengenmittelwertadaption arbeitet im unteren Teillastbereich. Sie ermittelt eine über alle Zylinder gemittelte Mengenabweichung.

Bild 2 (vorherige Seite) zeigt die grundsätzliche Struktur der Mengenmittelwertadaption und deren Eingriff auf die abgasrelevanten Regelkreise.

Aus dem Signal der Lambda-Sonde und dem Luftmassensignal wird die tatsächlich eingespritzte Kraftstoffmasse berechnet. Die berechnete Kraftstoffmasse wird mit dem Einspritzmassensollwert verglichen. Die Differenz wird in einem Adaptionskennfeld in definierten „Lernpunkten" gespeichert. Damit ist sichergestellt, dass eine betriebspunktspezifische Einspritzmengenkorrektur auch bei dynamischen Zustandsänderungen ohne Verzögerung bestimmt werden kann. Die Korrekturmengen werden im EEPROM des Steuergeräts gespeichert und stehen bei Motorstart sofort zur Verfügung.

Grundsätzlich gibt es zwei Betriebsarten der Mengenmittelwertadaption, die sich in der Verwendung der ermittelten Mengenabweichung unterscheiden:

Betriebsart „Indirect Control"
In der Betriebsart *Indirect Control* (Bild 2) wird ein genauer Einspritzmengensollwert als Eingangsgröße in verschiedene abgasrelevante Soll-Kennfelder verwendet. Die Einspritzmenge selbst wird in der Zumessung nicht korrigiert.

Betriebsart „Direct Control"
In der Betriebsart *Direct Control* wird die Mengenabweichung zur Korrektur der Einspritzmenge in der Zumessung verwendet, sodass die wirklich eingespritzte Kraftstoffmenge genauer mit der Soll-Einspritzmenge übereinstimmt. Hierbei handelt es sich (gewissermaßen) um einen geschlossenen Mengenregelkreis.

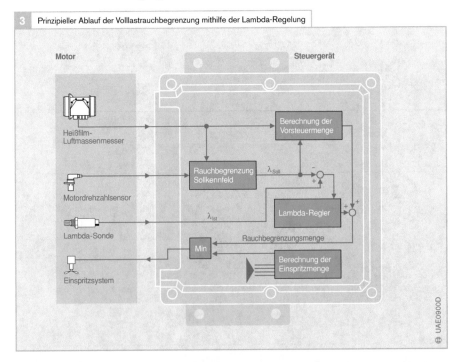

3 Prinzipieller Ablauf der Volllastrauchbegrenzung mithilfe der Lambda-Regelung

Motor

Steuergerät

Heißfilm-Luftmassenmesser

Motordrehzahlsensor

Lambda-Sonde

Einspritzsystem

Berechnung der Vorsteuermenge

Rauchbegrenzung Sollkennfeld

λ_{Soll}

λ_{Ist}

Lambda-Regler

Rauchbegrenzungsmenge

Min

Berechnung der Einspritzmenge

UAE0900D

Volllastrauchbegrenzung

Bild 3 zeigt das Prinzipbild der Regelstruktur für die Volllastrauchbegrenzung mit einer Lambda-Sonde. Ziel ist die Ermittlung der maximalen Kraftstoffmenge, die eingespritzt werden darf, ohne einen bestimmten Rauchwert zu überschreiten.

Mit den Signalen des Luftmassenmessers und des Motordrehzahlsensors wird der Lambda-Sollwert λ_{SOLL} über ein Rauchbegrenzungskennfeld ermittelt. Aus diesem Wert wird zusammen mit der Luftmasse der Vorsteuerwert für die maximal zulässige Einspritzmenge errechnet.

Dieser heute in Serie realisierten Steuerung wird eine Lambda-Regelung überlagert. Der Lambda-Regler berechnet aus der Differenz zwischen dem Lambda-Sollwert λ_{SOLL} und dem Lambda-Istwert λ_{IST} eine Korrekturkraftstoffmenge. Die Summe aus Vorsteuer- und Korrekturmenge ist ein exakter Wert für die maximale Volllast-Kraftstoffmenge.

Mit dieser Struktur ist eine gute Dynamik durch die Vorsteuerung und eine verbesserte Genauigkeit durch den überlagerten Lambda-Regelkreis erreichbar.

Erkennung unerwünschter Verbrennung

Mithilfe des Signals der Lambda-Sonde kann eine unerwünschte Verbrennung im Schubbetrieb erkannt werden. Diese wird dann erkannt, wenn das Signal der Lambda-Sonde unterhalb eines berechneten Schwellwertes liegt. Bei unerwünschter Verbrennung kann der Motor durch Schließen einer Regelklappe und des Abgasrückführventils abgestellt werden. Das Erkennen unerwünschter Verbrennung stellt eine zusätzliche Sicherheitsfunktion für den Motor dar.

Zusammenfassung

Mit einer lambdabasierten Abgasrückführung kann die Emissionsstreuung einer Fahrzeugflotte aufgrund von Fertigungstoleranzen oder Alterungsdrift wesentlich reduziert werden. Hierfür wird die Mengenmittelwertadaption eingesetzt.

Die Mengenmittelwertadaption liefert ein genaues Einspritzmengensignal für die Sollwertbildung abgasrelevanter Regelkreise. Dadurch wird die Genauigkeit dieser Regelkreise erhöht. Den größten Einfluss auf die Emissionen hat dabei die Korrektur der Abgasrückführung.

Zusätzlich kann durch den Einsatz einer Lambda-Regelung die Volllastrauchmenge exakt bestimmt und eine unerwünschte Verbrennung detektiert werden.

Die hohe Genauigkeit des Signals der Lambda-Sonde ermöglicht darüber hinaus die Darstellung eines Lambda-Regelkreises für die Regeneration von NO_X-Speicher-Katalysatoren.

Anwendung

Die Funktionen *Regeln* und *Steuern* haben für die verschiedenen Systeme im Kraftfahrzeug eine herausragende Bedeutung.

Die Benennung *Steuerung* erfolgt vielfach nicht nur für den Vorgang des Steuerns, sondern auch für die Gesamtanlage, in der die Steuerung stattfindet (deshalb auch die generelle Benennung *Steuergerät*, obwohl solch ein Gerät auch die Regelung vornimmt). Demnach laufen in den Steuergeräten Rechenprozesse sowohl für Steuerungs- als auch für Regelungsaufgaben ab.

Regeln

Das *Regeln* bzw. die *Regelung* ist ein Vorgang, bei dem eine Größe (Regelgröße x) fortlaufend erfasst, mit einer anderen Größe (Führungsgröße w_1) verglichen und abhängig vom Ergebnis dieses Vergleichs im Sinne einer Angleichung an die Führungsgröße beeinflusst wird. Der sich dabei ergebende Wirkungsablauf findet in einem geschlossenen Kreis (Regelkreis) statt.

Die Regelung hat die Aufgabe, trotz störender Einflüsse den Wert der Regelgröße an den durch die Führungsgröße vorgegebenen Wert anzugleichen.

Der *Regelkreis* (Bild 1a) ist ein in sich geschlossener Wirkungsweg mit einsinniger Wirkungsrichtung. Die Regelgröße x wirkt in einer Kreisstruktur im Sinne einer Gegenkopplung auf sich selbst zurück. Im Gegensatz zur Steuerung berücksichtigt eine Regelung den Einfluss aller Störgrößen (z_1, z_2) im Regelkreis. Beispiele für Regelsysteme im Kfz sind:

- Lambda-Regelung,
- Leerlaufdrehzahlregelung,
- ABS-/ASR-/ESP-Regelung,
- Klimaregelung (Innenraumtemperatur).

Steuern

Das *Steuern* bzw. die *Steuerung* ist der Vorgang in einem System, bei dem eine oder mehrere Größen als Eingangsgrößen andere Größen aufgrund der dem System eigentümlichen Gesetzmäßigkeit beeinflussen. Kennzeichen für das Steuern ist der offene Wirkungsablauf über das einzelne Übertragungsglied oder die Steuerkette.

Die *Steuerkette* (Bild 1b) ist eine Anordnung von Gliedern, die in Kettenstruktur aufeinander einwirken. Sie kann als Ganzes innerhalb eines übergeordneten Systems mit weiteren Systemen in beliebigem wirkungsgemäßem Zusammenhang stehen. Durch eine Steuerkette kann nur die Auswirkung der Störgröße bekämpft werden, die vom Steuergerät gemessen wird (z. B. z_1); andere Störgrößen (z. B. z_2) wirken sich ungehindert aus. Beispiele für Steuersysteme im Kfz sind:

- Elektronische Getriebesteuerung (EGS).
- Injektormengenabgleich und Druckwellenkorrektur bei der Einspritzmengenberechnung.

Bild 1
a   Regelkreis
b   Steuerkette
c   Wirkungsplan einer
    digitalen Regelung

w Führungsgröße
x Regelgröße
x_A Steuergröße
y Stellgröße
z_1, z_2 Störgrößen

T Abtastzeit
*   digitale Signal-
    werte
A   Analog
D   Digital

1   Regelungs- und Steuerungseinrichtungen

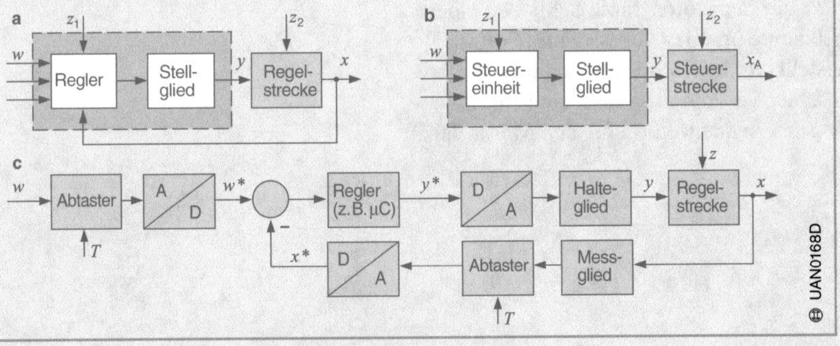

UAN0168D

Momentengeführte EDC-Systeme

Die Motorsteuerung wird immer enger in die Fahrzeuggesamtsysteme eingebunden. Fahrdynamiksysteme (z. B. ASR), Komfortsysteme (z. B. Tempomat) und die Getriebesteuerung beeinflussen über den CAN-Bus die Elektronische Dieselregelung EDC. Andererseits werden viele der in der Motorsteuerung erfassten oder berechneten Informationen über den CAN-Bus an andere Steuergeräte weitergegeben.

Um die Elektronische Dieselregelung künftig noch wirkungsvoller in einen funktionalen Verbund mit anderen Steuergeräten einzugliedern und weitere Verbesserungen schnell und effektiv zu realisieren, wurden die Steuerungen der neuesten Generation einschneidend überarbeitet. Diese momentengeführte Dieselmotorsteuerung wird erstmals ab EDC16 eingesetzt. Hauptmerkmal ist die Umstellung der Modulschnittstellen auf Größen, wie sie im Fahrzeug auch entsprechend auftreten.

Kenngrößen eines Motors

Die Außenwirkung eines Motors kann im Wesentlichen durch drei Kenngrößen beschrieben werden: Leistung P, Drehzahl n und Drehmoment M.

Bild 1 zeigt den typischen Verlauf von Drehmoment und Leistung über der Motordrehzahl zweier Dieselmotoren im Vergleich. Grundsätzlich gilt der physikalische Zusammenhang:

$$P = 2 \cdot \pi \cdot n \cdot M$$

Es genügt also völlig, z. B. das Drehmoment als Führungsgröße unter Beachtung der Drehzahl vorzugeben. Die Motorleistung ergibt sich dann aus der obigen Formel. Da die Leistung nicht unmittelbar gemessen werden kann, hat sich für die Motorsteuerung das Drehmoment als geeignete Führungsgröße herausgestellt.

Momentensteuerung

Der Fahrer fordert beim Beschleunigen über das Fahrpedal (Sensor) direkt ein einzustellendes Drehmoment. Unabhängig davon fordern andere externe Fahrzeugsysteme über die Schnittstellen ein Drehmoment an, das sich aus dem Leistungsbedarf der Komponenten ergibt (z. B. Klimaanlage, Generator). Die Motorsteuerung errechnet daraus das resultierende Motormoment und steuert die Stellglieder des Einspritz- und Luftsystems entsprechend an. Daraus ergeben sich folgende Vorteile:

● Kein System hat direkten Einfluss auf die Motorsteuerung (Ladedruck, Einspritzung, Vorglühen). Die Motorsteuerung kann so zu den äußeren Anforderungen auch noch übergeordnete Optimierungskriterien berücksichtigen (z. B. Abgasemissionen, Kraftstoffverbrauch) und den Motor dann bestmöglich ansteuern.
● Viele Funktionen, die nicht unmittelbar die Steuerung des Motors betreffen, können für Diesel- und Ottomotorsteuerungen einheitlich ablaufen.
● Erweiterungen des Systems können schnell umgesetzt werden.

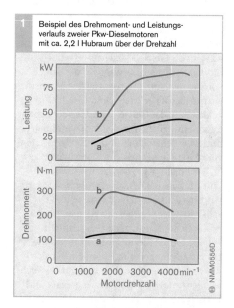

1   Beispiel des Drehmoment- und Leistungsverlaufs zweier Pkw-Dieselmotoren mit ca. 2,2 l Hubraum über der Drehzahl

Leistung / kW: 75, 50, 25, 0 — b, a

Drehmoment / N·m: 300, 200, 100, 0 — b, a

Motordrehzahl: 0 1000 2000 3000 4000 min⁻¹

NMM0556D

Bild 1
a   Baujahr 1968
b   Baujahr 1998

Ablauf der Motorsteuerung

Die Weiterverarbeitung der Sollwertvorgaben im Motorsteuergerät sind in Bild 2 schematisch dargestellt. Zum Erfüllen ihrer Aufgaben benötigen alle Steuerungsfunktionen der Motorsteuerung eine Fülle von Sensorsignalen und Informationen von anderen Steuergeräten im Fahrzeug.

Vortriebsmoment

Die Fahrervorgabe (d. h. das Signal des Fahrpedalsensors) wird von der Motorsteuerung als Anforderung für ein Vortriebsmoment interpretiert. Genauso werden die Anforderungen der Fahrgeschwindigkeitsregelung und -begrenzung berücksichtigt.

Nach dieser Auswahl des Soll-Vortriebsmoments erfolgt gegebenenfalls bei Blockiergefahr eine Erhöhung bzw. bei durchdrehenden Rädern eine Reduzierung des Sollwerts durch das Fahrdynamiksystem (ASR, ESP).

Weitere externe Momentanforderungen

Die Drehmomentanpassung des Antriebsstrangs muss berücksichtigt werden (Triebstrangübersetzung). Sie wird im Wesentlichen durch die Übersetzungsverhältnisse im jeweiligen Gang sowie durch den Wirkungsgrad des Wandlers bei Automatikgetrieben bestimmt. Bei Automatikfahrzeugen gibt die Getriebesteuerung die Drehmomentanforderung während des Schaltvorgangs vor, um mit reduziertem Moment ein möglichst ruckfreies, komfortables und zugleich ein das Getriebe schonendes Schalten zu ermöglichen. Außerdem wird noch ermittelt, welchen Drehmomentbedarf weitere vom Motor angetriebene Nebenaggregate (z. B. Klimakompressor, Generator, Servopumpe) haben. Dieser Drehmomentbedarf wird aus der benötigten Leistung und Drehzahl entweder von diesen Aggregaten selbst oder von der Motorsteuerung ermittelt.

Die Motorsteuerung addiert die Momentenanforderungen auf. Damit ändert sich das Fahrverhalten des Fahrzeugs trotz wechselnder Anforderungen der Aggregate und Betriebszustände des Motors nicht.

Innere Momentanforderungen

In diesem Schritt greifen der Leerlaufregler und der aktive Ruckeldämpfer ein.

Um z. B. eine unzulässige Rauchbildung durch zu hohe Einspritzmengen oder eine mechanische Beschädigung des Motors zu verhindern, setzt das Begrenzungsmoment, wenn nötig, den internen Drehmomentbedarf herab. Im Vergleich zu den bisherigen Motorsteuerungssystemen erfolgen die Begrenzungen nicht mehr ausschließlich im Kraftstoff-Mengenbereich, sondern je nach gewünschtem Effekt direkt in der jeweils betroffenen physikalischen Größe.

Die Verluste des Motors werden ebenfalls berücksichtigt (z. B. Reibung, Antrieb der Hochdruckpumpe). Das Drehmoment stellt die messbare Außenwirkung des Motors dar. Die Steuerung kann diese Außenwirkung aber nur durch eine geeignete Einspritzung von Kraftstoff in Verbindung mit dem richtigen Einspritzzeitpunkt sowie den notwendigen Randbedingungen des Luftsystems erzeugen (z. B. Ladedruck, Abgasrückführrate). Die notwendige Einspritzmenge wird über den aktuellen Verbrennungswirkungsgrad bestimmt. Die errechnete Kraftstoffmenge wird durch eine Schutzfunktion (z. B. gegen Überhitzung) begrenzt und gegebenenfalls durch die Laufruheregelung verändert. Während des Startvorgangs wird die Einspritzmenge nicht durch externe Vorgaben (wie z. B. den Fahrer) bestimmt, sondern in der separaten Steuerungsfunktion „Startmenge" berechnet.

Ansteuerung der Aktoren

Aus dem schließlich resultierenden Sollwert für die Einspritzmenge werden die Ansteuerdaten für die Einspritzpumpen bzw. die Einspritzventile ermittelt sowie der bestmögliche Betriebspunkt des Luftsystems bestimmt.

2 Ablauf der Motorsteuerung bei der momentengeführten Dieselregelung

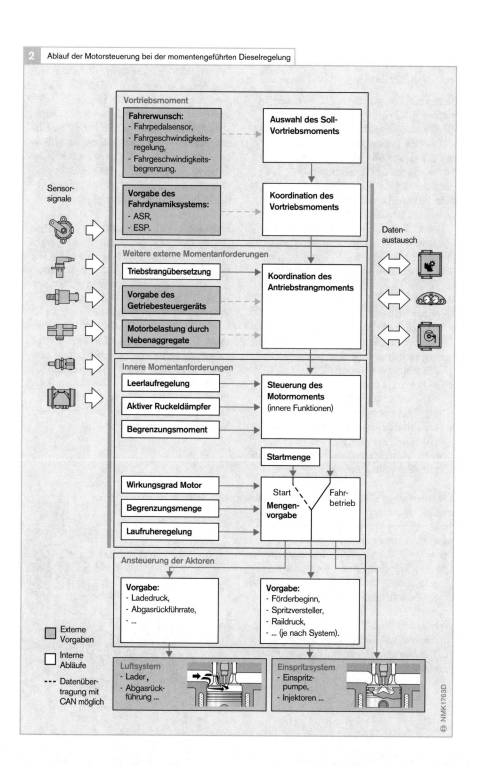

Vortriebsmoment

Fahrerwunsch:
- Fahrpedalsensor,
- Fahrgeschwindigkeits-
  regelung,
- Fahrgeschwindigkeits-
  begrenzung.

**Auswahl des Soll-
Vortriebsmoments**

Sensor-
signale

**Vorgabe des
Fahrdynamiksystems:**
- ASR,
- ESP.

**Koordination des
Vortriebsmoments**

Daten-
austausch

Weitere externe Momentanforderungen

Triebstrangübersetzung

**Koordination des
Antriebstrangmoments**

**Vorgabe des
Getriebesteuergeräts**

**Motorbelastung durch
Nebenaggregate**

Innere Momentanforderungen

Leerlaufregelung

**Steuerung des
Motormoments**
(innere Funktionen)

Aktiver Ruckeldämpfer

Begrenzungsmoment

Startmenge

Wirkungsgrad Motor

Start   Fahr-
             betrieb

Begrenzungsmenge

**Mengen-
vorgabe**

Laufruheregelung

Ansteuerung der Aktoren

Vorgabe:
- Ladedruck,
- Abgasrückführrate,
- ...

Vorgabe:
- Förderbeginn,
- Spritzversteller,
- Raildruck,
- ... (je nach System).

☐ Externe
   Vorgaben

☐ Interne
   Abläufe

- - - Datenüber-
      tragung mit
      CAN möglich

Luftsystem
- Lader,
- Abgasrück-
  führung ...

Einspritzsystem
- Einspritz-
  pumpe,
- Injektoren ...

NMK1763D

Regelung und Ansteuerung von Aktoren

Neben den Einspritzkomponenten werden von der EDC eine Vielzahl weiterer Stellglieder geregelt und angesteuert. Sie wirken z. B. auf die Füllungssteuerung, auf die Motorkühlung oder sie unterstützen das Startverhalten des Dieselmotors. Wie bei der Regelung der Einspritzung werden auch hier die Vorgaben von anderen Systemen (z. B. ASR) berücksichtigt.

Je nach Fahrzeugtyp, Einsatzgebiet und Einspritzsystem kommen verschiedene Stellglieder zur Anwendung. Einige Beispiele sind in diesem Abschnitt beschrieben.

Bei der Ansteuerung werden verschiedene Wege beschritten:
- Die Stellglieder werden direkt über eine Endstufe im Motorsteuergerät mit den entsprechenden Signalen angesteuert (z. B. Abgasrückführventil).
- Bei hohem Stromverbrauch steuert das Steuergerät ein Relais an (z. B. Lüfteransteuerung).
- Das Motorsteuergerät gibt Signale an ein unabhängiges Steuergerät, das dann die weiteren Stellglieder ansteuert oder regelt (z. B. Glühzeitsteuerung).

Die Integration aller Motorsteuerfunktionen im EDC-Steuergerät bietet den Vorteil, dass nicht nur Einspritzmenge und -zeitpunkt, sondern auch alle anderen Motorfunktionen wie z. B. die Abgasrückführung und die Ladedruckregelung im Motorregelkonzept berücksichtigt werden können. Dies führt zu einer wesentlichen Verbesserung der Motorregelung. Außerdem liegen im Motorsteuergerät bereits viele Informationen vor, die für andere Funktionen benötigt werden (z. B. Motortemperatur und Ansauglufttemperatur für die Glühzeitsteuerung).

Kühlmittelzusatzheizung

Leistungsfähige Dieselmotoren haben einen sehr hohen Wirkungsgrad. Die Abwärme des Motors reicht daher unter Umständen nicht mehr aus, den Fahrzeuginnenraum ausreichend aufzuheizen. Deshalb kann eine Kühlmittelzusatzheizung mit Glühkerzen eingesetzt werden. Sie wird je nach Kapazität des Generators in verschiedenen Stufen angesteuert. Das EDC-Motorsteuergerät regelt die Kühlmittelzusatzheizung.

Einlasskanalabschaltung

Bei der Einlasskanalabschaltung wird im unteren Motordrehzahlbereich und im Leerlauf ein Füllungskanal (Bild 1, Pos. 5) pro Zylinder mit einer Klappe (6) verschlossen, wenn durch einen elektropneumatischen Wandler ein Strom fließt. Die Frischluft wird dann nur über Drallkanäle (2) angesaugt. Dadurch entsteht im unteren Drehzahlbereich eine bessere Verwirbelung der Luft, was zu einer besseren Verbrennung führt. Im oberen Drehzahlbereich wird der Füllungsgrad durch die zusätzlich geöffneten Füllungskanäle erhöht und somit die Motorleistung verbessert.

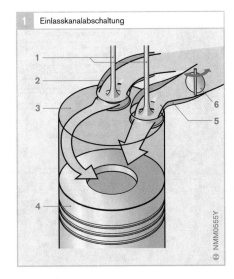

1   Einlasskanalabschaltung

NMM0555Y

Ladedruckregelung

Die Ladedruckregelung (LDR) des Turboladers verbessert die Drehmomentcharakteristik im Volllastbetrieb und die Ladungswechsel im Teillastbetrieb. Der Sollwert für den Ladedruck hängt von der Drehzahl, der Einspritzmenge, der Kühlmittel- und der Lufttemperatur sowie dem Umgebungsluftdruck ab. Er wird mit dem Istwert des Ladedrucksensors verglichen. Bei einer Regelabweichung betätigt das Steuergerät den elektropneumatischen Wandler des Bypassventils oder der Leitschaufeln des Turboladers mit Variabler Turbinengeometrie (VTG).

Lüfteransteuerung

Oberhalb einer bestimmten Motortemperatur steuert das Motorsteuergerät das Lüfterrad des Motors an. Auch nach Motorstillstand wird es noch für eine bestimmte Zeit weiter betrieben. Diese Nachlaufzeit hängt von der aktuellen Kühlmitteltemperatur und dem Lastzustand des letzten Fahrzyklus ab.

Abgasrückführung

Zur Reduzierung der NO_X-Emission wird Abgas in den Ansaugtrakt des Motors geleitet. Dies geschieht über einen Kanal, dessen Querschnitt durch ein Abgasrückführventil verändert werden kann. Die Ansteuerung des Abgasrückführventils erfolgt entweder über einen elektropneumatischen Wandler oder über einen elektrischen Steller.

Aufgrund der hohen Temperatur und des Schmutzanteils im Abgas kann der rückgeführte Abgasstrom schlecht gemessen werden. Deshalb erfolgt die Regelung indirekt über einen Luftmassenmesser im Frischluftmassenstrom. Sein Messwert wird im Steuergerät mit dem theoretischen Luftbedarf des Motors verglichen. Dieser wird aus verschiedenen Kenndaten ermittelt (z. B. Motordrehzahl). Je niedriger die tatsächliche gemessene Frischluftmasse im Vergleich zum Theoretischen Luftbedarf ist, umso höher ist der rückgeführte Abgasanteil.

Ersatzfunktionen

Sofern einzelne Eingangssignale ausfallen, fehlen dem Steuergerät wichtige Informationen für die Berechnungen. In diesem Fall erfolgt die Ansteuerung mithilfe von Ersatzfunktionen. Zwei Beispiele hierfür sind:

Beispiel 1: Die Kraftstofftemperatur wird zur Berechnung der Einspritzmenge benötigt. Fällt der Kraftstofftemperatursensor aus, rechnet das Steuergerät mit einem Ersatzwert. Dieser muss so gewählt sein, dass es nicht zu starker Rußbildung kommt. Dadurch kann bei defektem Kraftstofftemperatursensor die Leistung in einigen Betriebsbereichen abfallen.

Beispiel 2: Bei Ausfall des Nockenwellensensors zieht das Steuergerät das Signal des Kurbelwellensensors als Ersatzsignal heran. Je nach Fahrzeughersteller gibt es unterschiedliche Konzepte, mit denen über den Verlauf des Kurbelwellensignals ermittelt wird, wann Zylinder 1 im Verdichtungstakt ist. Als Folge dieser Ersatzfunktionen dauert der Neustart jedoch etwas länger.

Die verschiedenen Ersatzfunktionen können je nach Fahrzeughersteller unterschiedlich sein. Deshalb sind viele fahrzeugspezifische Funktionen möglich.

Alle Störungen werden über die Diagnosefunktion abgespeichert und können in der Werkstatt ausgelesen werden (siehe Kapitel „Diagnose").

Datenaustausch mit anderen Systemen

Kraftstoff-Verbrauchssignal

Das Motorsteuergerät (Bild 1, Pos. 3) ermittelt den Kraftstoffverbrauch und gibt das Signal über CAN an das Kombiinstrument oder einen eigenständigen Bordrechner (6). Dort kann dem Fahrer der momentane Kraftstoffverbrauch oder die Restreichweite angezeigt werden. Ältere Systeme geben das Kraftstoff-Verbrauchssignal als PWM-Signal aus (Puls-Weiten-Moduliertes Signal).

Steuerung des Starters

Der Starter (8) kann vom Motorsteuergerät angesteuert werden. Die EDC stellt damit sicher, dass der Fahrer nicht in den laufenden Motor starten kann. Der Starter wird nur so lange betätigt, wie es notwendig ist, damit der Motor sicher hochläuft. Durch diese Funktion kann der Starter leichter und somit kostengünstiger ausgelegt werden.

Glühzeitsteuergerät GZS

Das Glühzeitsteuergerät (5) erhält vom Motorsteuergerät die Information über Zeitpunkt und Dauer des Glühvorgangs. Das Glühzeitsteuergerät steuert die Glühkerzen an und überwacht den Glühvorgang. Für die Diagnosefunktion meldet es Störungen an das Motorsteuergerät zurück. Die Vorglüh-Kontrollleuchte wird meist vom Motorsteuergerät angesteuert.

Elektronische Wegfahrsperre

Um eine unbefugte Benutzung zu verhindern, kann der Motor erst gestartet werden, wenn ein zusätzliches Steuergerät für die Wegfahrsperre (7) das Motorsteuergerät frei schaltet.

Der Fahrer kann dem Steuergerät der Wegfahrsperre z. B. über eine Fernbedienung oder den Glüh-Start-Schalter („Zündschlüssel") signalisieren, dass er berechtigt ist, das Fahrzeug zu nutzen. Es schaltet dann das Motorsteuergerät frei, sodass Motorstart und Fahrbetrieb möglich sind.

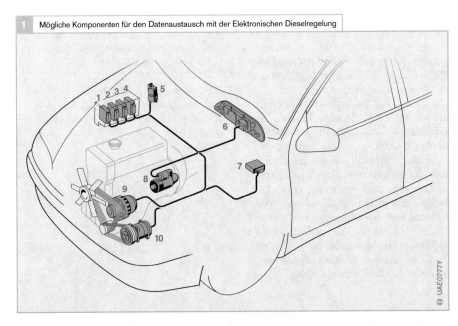

1 Mögliche Komponenten für den Datenaustausch mit der Elektronischen Dieselregelung

Bild 1

1 ESP-Steuergerät (mit ABS und ASR)
2 Getriebesteuergerät
3 Motorsteuergerät (EDC)
4 Klimasteuergerät
5 Glühzeitsteuergerät
6 Kombiinstrument mit Bordrechner
7 Steuergerät der Wegfahrsperre
8 Starter
9 Generator
10 Klimakompressor

UAE0777Y

Externer Momenteneingriff

Beim externen Momenteneingriff wird die Einspritzmenge von einem anderen Steuergerät (z. B. für Getriebesteuerung, ASR) beeinflusst. Es teilt dem Motorsteuergerät mit, ob und um wie viel das Drehmoment des Motors (und damit die Einspritzmenge) geändert werden soll.

Steuerung des Generators

Über eine genormte serielle Schnittstelle kann die EDC den Generator (9) fernsteuern und überwachen. Eine Steuerung der Regelspannung ist genauso möglich wie das komplette Abschalten des Generators. Das Ladeverhalten des Generators kann, z. B. bei schwacher Batterie, durch eine Anhebung der Leerlaufdrehzahl unterstützt werden. Auch eine einfache Diagnose des Generators ist über diese Schnittstelle möglich.

Klimaanlage

Um bei hohen Außentemperaturen eine angenehme Innentemperatur zu erhalten, kühlt die Klimaanlage die Luft für den Fahrzeuginnenraum mithilfe eines Klimakompressors (10) ab. Sein Leistungsbedarf kann je nach Motor und Fahrsituation bis zu 30 % der Motorleistung betragen.

Sobald der Fahrer das Fahrpedal ganz durchdrückt oder rasch betätigt (und damit also ein maximales Drehmoment wünscht), kann der Klimakompressor kurzzeitig vom Motorsteuergerät abgeschaltet werden. Dadurch steht die volle Motorleistung für den Antrieb zur Verfügung. Da nur kurzzeitig abgeschaltet wird, hat dies keinen merklichen Einfluss auf die Innenraumtemperatur des Fahrzeugs.

Serielle Datenübertragung mit CAN

Kraftfahrzeuge sind mit einer ständig wachsenden Zahl von elektronischen Systemen ausgestattet. Diese benötigen einen intensiven Daten- und Informationsaustausch, wobei die Anforderungen an Datenmengen und Geschwindigkeit immer größer werden.

CAN (Controller Area Network) ist ein speziell für die Anwendung im Kraftfahrzeug entwickeltes lineares Bussystem (Bild 1). Es wird inzwischen auch in anderen Bereichen eingesetzt (z. B. in der Haustechnik).

Die Daten werden auf einer gemeinsamen (Bus-)Leitung seriell, d. h. hintereinander übertragen. Alle CAN-Teilnehmer haben Zugriff auf den Bus. Über eine CAN-Schnittstelle in den Steuergeräten können diese Stationen Daten senden und empfangen. Durch die Vernetzung werden wesentlich weniger Leitungen benötigt, da auf einer Busleitung eine Vielzahl Daten ausgetauscht werden können und die Daten mehrfach gelesen werden können. Bei herkömmlichen Systemen erfolgt der Datenaustausch über einzeln zugeordnete Datenleitungen von Punkt zu Punkt.

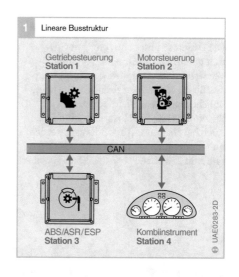

1 Lineare Busstruktur

Getriebesteuerung
Station 1

Motorsteuerung
Station 2

CAN

ABS/ASR/ESP
Station 3

Kombiinstrument
Station 4

UAE0283-2D

Einsatzgebiete im Kfz

Im Kraftfahrzeug gibt es vier Einsatz-
gebiete für CAN mit unterschiedlichen
Anforderungen:

Multiplex-Anwendung

Die Multiplex-Anwendung eignet sich zur
Steuerung und Regelung von Komponenten
im Bereich der Karosserie- und Komfort-
elektronik, wie beispielsweise Klimaregelung,
Zentralverriegelung und Sitzverstellung. Die
Übertragungsraten liegen typisch zwischen
10 kBaud und 125 kBaud (1 kBaud = 1 kBit/s,
Low-Speed-CAN).

Mobile Kommunikations-Anwendungen

CAN-Anwendungen im Bereich der mobilen
Kommunikation verbinden Multimedia-
Komponenten wie Navigationssystem, Tele-
fon, Audioanlage, TV usw. mit zentralen
Anzeige- und Bedieneinheiten im Kraftfahrzeug. Die Vernetzung dient in erster Linie
dazu, Bedienabläufe zu vereinheitlichen und
Statusinformationen zusammenzufassen,
um die Ablenkung des Fahrers auf ein Min-
destmaß herabzusetzen. Bei diesen Anwendungen werden hohe Datenmengen übertragen. Die Datenraten liegen im Bereich bis
125 kBaud. Eine direkte Übertragung von
Audio- oder Videodaten ist dabei nicht
möglich.

Diagnose-Anwendungen

Die Diagnose unter Nutzung von CAN
zielt darauf ab, die ohnehin vorhandene
Vernetzung zur Diagnose der eingebunde-
nen Steuergeräte zu verwenden. Die heute
übliche Diagnose über die spezielle
K-Leitung (ISO 9141) ist dann hinfällig.
Auch bei Diagnose-Anwendungen werden
hohe Datenmengen übertragen. Als Daten-
rate sind 250 kBaud bzw. 500 kBaud geplant.

Echtzeit-Anwendungen

Bei Echtzeit-Anwendungen werden verschiedene Systeme wie z. B. Motorsteuerung,
Getriebesteuerung und Elektronisches
Stabilitäts-Programm (ESP) zur Steuerung
und Regelung der Fahrzeugbewegung über
den CAN-Bus miteinander vernetzt.
Charakteristisch sind Übertragungsraten
zwischen 125 kBaud und 1 MBaud, um die
geforderte Reaktionsgeschwindigkeit der
Systeme zu garantieren (High-Speed-CAN).

Buskonfiguration

Unter Konfiguration versteht man die
Anordnung und das Zusammenspiel eines
Systems. Der CAN-Bus weist eine lineare
Busstruktur auf. Im Vergleich zu anderen
logischen Strukturen (Ringbus- oder Stern-
bus) weist ein solches Gesamtsystem eine
geringe Ausfallwahrscheinlichkeit auf. Fällt
ein Teilnehmer aus, steht der Bus den
anderen Teilnehmern weiterhin voll zur
Verfügung. Die am Bus angeschlossenen
Stationen können sowohl Steuergeräte als
auch Anzeigegeräte, Sensoren oder Aktoren
sein. Sie arbeiten nach dem Multi-Master-
Prinzip. Dabei obliegt die Zugriffskontrolle
auf den Bus gleichberechtigt den beteiligten
Stationen. Eine übergeordnete Verwaltung
ist nicht notwendig.

Inhaltsbezogene Adressierung

Das Bussystem CAN adressiert die Informationen nicht über Stationsmerkmale,
sondern nach ihrem Inhalt. Jeder Botschaft
wird ein fester „*Identifier*" zugeordnet
(Name der Botschaft). Er kennzeichnet den
Inhalt dieser Botschaft (z. B. Motordrehzahl). Dieser Identifier ist 11 Bit (Standardformat) oder 29 Bit lang (erweitertes oder
extended Format).

Durch die inhaltsbezogene Adressierung muss jeder Teilnehmer selbst entscheiden, ob er eine auf dem Bus gesendete Nachricht benötigt oder nicht („Akzeptanzprüfung" Bild 2). Diese Funktion kann von einem speziellen CAN-Baustein erfüllt werden (Full-CAN). Dadurch wird der zentrale Mikrocontroller des Steuergeräts entlastet. Basic-CAN-Bausteine „sehen" alle Botschaften. Der Verzicht auf Stationsadressen und die dafür gewählte inhaltsbezogene Adressierung ermöglicht eine hohe Flexibilität des Gesamtsystems, mit dem Ausstattungsvarianten einfacher zu beherrschen sind. Benötigt ein Steuergerät neue Informationen, die bereits auf dem Bus vorhanden sind, kann es diese einfach abrufen. Ebenso können neue Stationen, sofern es sich um Empfänger handelt, in das System eingefügt (implementiert) werden, ohne die bestehenden Stationen modifizieren zu müssen.

Busvergabe

Der Identifier bestimmt neben dem Dateninhalt gleichzeitig mit der „Priorität" den Vorrang, die eine Botschaft beim Senden hat. Ein Identifier, der einer niederen Binärzahl entspricht, besitzt eine hohe Priorität und umgekehrt. Prioritäten für Botschaften leiten sich beispielsweise aus der Änderungsgeschwindigkeit des Inhalts oder der Bedeutung für die Sicherheit ab. Botschaften mit gleicher Priorität gibt es nicht.

Wenn der Bus frei ist und Botschaften zur Übertragung bereitstehen, kann jede Station mit dem Senden ihrer Nachricht beginnen. Ein dabei möglicherweise entstehender Konflikt im Buszugriff wird durch eine bitweise „Arbitrierung" der jeweiligen Identifier vermieden (Bild 3). Dabei setzt sich die Botschaft mit der höchsten Priorität durch, ohne dass es zu einem Zeit- oder Datenverlust kommt (nichtzerstörendes Protokoll).

Das CAN-Protokoll beruht auf den beiden logischen Zuständen „dominant" (logisch 0) und „rezessiv" (logisch 1). Das „Wired-And"-Arbitrierungsschema bewirkt, dass die von einer Station ausgesandten dominanten Bit die rezessiven Bit anderer Stationen überschreiben. Die Station mit dem niedrigsten Identifier (sprich der höchsten Priorität) setzt sich am Bus durch.

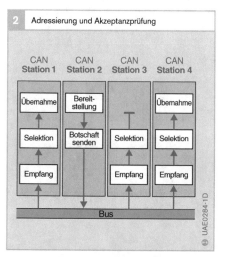

2 Adressierung und Akzeptanzprüfung

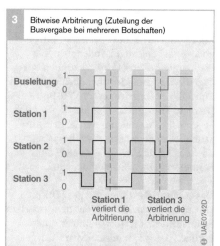

3 Bitweise Arbitrierung (Zuteilung der Busvergabe bei mehreren Botschaften)

Bild 2
Station 2 sendet, Station 1 und 4 übernehmen die Daten.

Bild 3
Station 2 setzt sich durch (Signal auf dem Bus = Signal von Station 2).

0   Dominanter Pegel
1   Rezessiver Pegel

Sender von Botschaften mit niedrigerer Priorität werden automatisch zu Empfängern und wiederholen ihren Sendeversuch, sobald der Bus wieder frei ist.

Damit alle Botschaften zum Zuge kommen, muss die Geschwindigkeit des Busses auf die Anzahl der Teilnehmer angepasst werden. Für sich ständig ändernde Signale (z. B. die Motordrehzahl) wird eine Zykluszeit festgelegt.

Botschaftsformat

CAN unterstützt zwei verschiedene Formate, die sich ausschließlich in der Länge des Identifiers unterscheiden. Im Standardformat ist der Identifier 11 Bit, im erweiterten Format 29 Bit lang. Beide Formate sind untereinander kompatibel und können in einem Netzwerk gemeinsam zur Anwendung kommen. Der Datenrahmen besteht aus sieben aufeinander folgenden Feldern (Bild 4) und ist maximal 130 Bit (Standardformat) bzw. 150 Bit (erweitertes Format) lang.

Im Ruhezustand (IDLE) ist der Bus rezessiv. *„Start Of Frame"* zeigt mit dem dominanten Bit den Beginn einer Übertragung an und synchronisiert alle Stationen.

Das *„Arbitration Field"* besteht aus dem bereits beschriebenen Identifier und einem Kontrollbit. Bei der Übertragung dieses Feldes prüft der Sender bei jedem Bit, ob er noch sendeberechtigt ist oder aber eine Station mit höherer Priorität auf den Bus zugreift. Das dem Identifier nachfolgende Kontrollbit kennzeichnet als RTR-Bit (**R**emote **T**ransmission **R**equest), ob es sich bei der Übertragung um das Senden von Daten (Data Frame) an einen Empfänger oder das Anfordern von Daten (Remote Frame) von einem Sender handelt.

Das *„Control Field"* umfasst das IDE-Bit (**I**dentifier **E**xtension **Bit**), mit dem zwischen Standardformat (IDE = 0) und erweitertem Format (IDE = 1) unterschieden wird, gefolgt von einem reservierten Bit für zukünf-

tige Erweiterungen. Die restlichen 4 Bit dieses Feldes beschreiben die Anzahl der Datenbytes im nachfolgenden Datenfeld (Data Field). Dadurch kann der Empfänger feststellen, ob er alle Daten empfangen hat.

Das *„Data Field"* enthält die zwischen 0 und 8 Byte breite Dateninformation. Ein Datenfeld mit der Länge von 0 Byte wird zur Synchronisation verteilter Prozesse verwendet. Es können auch mehrere Signale in einer Botschaft gesendet werden (z. B. Motortemperatur und Motordrehzahl).

„CRC Field" (**C**yclic **R**edundancy **C**heck, d. h. Zyklische Redundanzüberprüfung) enthält ein Rahmensicherungswort zur Erkennung von etwa auftretenden Übertragungsstörungen.

Das *„ACK Field"* (**Ack**nowledgement, d. h. Bestätigung) dient den Empfängern zur Bestätigung korrekt empfangener Botschaften. Das Feld umfasst den ACK-Slot und den rezessiven ACK-Delimiter. Der ACK-Slot wird ebenfalls rezessiv gesendet und von den Empfängern bei korrektem Botschaftsempfang dominant überschrieben. Dabei spielt es keine Rolle, ob die Botschaft für den jeweiligen Empfänger im Sinne der Akzeptanzprüfung von Bedeutung ist oder nicht; bestätigt wird der korrekte Empfang.

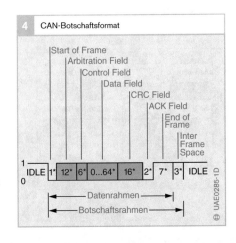

4 CAN-Botschaftsformat

Start of Frame
Arbitration Field
Control Field
Data Field
CRC Field
ACK Field
End of Frame
Inter Frame Space

| | 1* | 12* | 6* | 0...64* | 16* | 2* | 7* | 3* | |
|IDLE 1 0| | | | | | | | | IDLE |

Datenrahmen

Botschaftsrahmen

UAE0285-1D

Bild 4
0   Dominanter Pegel
1   Rezessiver Pegel
*   Anzahl der Bit

Das „End Of Frame" besteht aus sieben rezessiven Bit und kennzeichnet das Ende der Botschaft.

Der „Inter-Frame Space" besteht aus drei Bit, die aufeinander folgende Botschaften trennen. Danach verbleibt der Bus im rezessiven IDLE-Zustand, solange keine weitere, beliebige Station mit einem Buszugriff beginnt.

In der Regel initiiert der Sender eine Datenübertragung, indem er einen „Data Frame" abschickt. Es ist aber auch möglich, dass ein Empfänger Daten bei einem Sender abruft, indem er einen „Remote Frame" sendet.

Störungserkennung

Im CAN-Protokoll sind eine Reihe von Kontrollmechanismen zur Störungserkennung integriert.

Im „CRC Field" vergleicht der Empfänger die empfangene CRC-Sequenz mit der aus der Botschaft berechneten Sequenz.

Beim „Frame Check" werden Rahmenfehler erkannt, indem die Struktur des Rahmens geprüft wird („Rahmensicherung").

Im CAN-Protokoll sind einige Bitfelder mit festem Format enthalten, die von allen Stationen überprüft werden.

Der „ACK Check" ist die Bestätigung der Empfänger über einen empfangenen Botschaftsrahmen. Ein Ausbleiben weist z. B. auf erkannte Übertragungsfehler hin.

„Monitoring" bedeutet, dass der Sender den Buspegel beobachtet und Unterschiede zwischen gesendetem und abgetastetem Bit vergleicht.

Die Einhaltung des „Bitstuffing" wird im Code Check überprüft. Die Stuffing-Regel besagt, dass in jedem „Data Frame" oder „Remote Frame" zwischen „Start of Frame" und dem Ende des „CRC Field" maximal fünf aufeinander folgende Bit mit derselben Priorität gesendet werden dürfen. Nach jeweils fünf gleichen Bit in Folge fügt der Sender ein Bit mit der entgegengesetzten Priorität ein. Die Empfänger löschen alle diese eingefügten Bit nach dem Botschaftsempfang wieder. Durch das „Bitstuffing" können Leitungsstörungen erkannt werden.

Stellt eine Station eine Störung fest, so unterbricht sie die laufende Übertragung durch das Senden eines „Error-Frame", das aus sechs aufeinander folgenden dominanten Bit besteht. Seine Wirkung beruht auf der gezielten Verletzung der Stuffing-Regel. Dadurch wird verhindert, dass andere Stationen die fehlerhafte Botschaft annehmen.

Defekte Stationen könnten den Busverkehr erheblich belasten, indem sie auch fehlerfreie Botschaften durch Senden eines „Error-Frame" unterbrechen. Um dies zu verhindern, ist der CAN-Bus mit einem Mechanismus ausgestattet, der gelegentlich auftretende Störungen von anhaltenden Störungen unterscheiden und Stationsausfälle lokalisieren kann. Dies geschieht über eine statistische Auswertung der Fehlersituationen.

Standardisierung

CAN wurde sowohl von der ISO (International Organization for Standardization) als auch von der SAE (Society of Automotive Engineers) für den Datenaustausch im Kraftfahrzeug standardisiert:
- für Low-Speed-Applikationen ≤125 kBit/s als ISO 11 519-2 und
- für High-Speed-Applikationen >125 kBit/s als ISO 11 898 und SAE J 22 584 (passenger cars) bzw. SAE J 1939 (truck and bus).
- Eine ISO-Norm zur Diagnose über CAN ist in Vorbereitung (ISO 15 765 – Draft).

¹) In einigen Bereichen
wird anstelle „Applika-
tion" auch der Begriff
„Kalibrierung" ver-
wendet.

Applikation¹) Pkw-Motoren

Applikation bedeutet Anpassung eines
Motors an ein bestimmtes Fahrzeug mit
einem bestimmten Anwendungszweck. Die
Anpassung des Einspritzsystems – und hier
speziell der Elektronischen Dieselregelung
EDC – spielt dabei eine wichtige Rolle.

Für Pkw werden nur noch direkteinsprit-
zende Dieselmotoren (DI) entwickelt. Sie
müssen alle die seit 2000 gültige Abgasnorm
Euro III oder vergleichbare Abgasstandards
erfüllen. Diese Abgasnormen – verbunden
mit den gestiegenen Anforderungen an den
Fahrkomfort – sind nur mit aufwändigen
elektronischen Regelungen möglich. Diese
bieten die Möglichkeit – und auch die Not-
wendigkeit – tausende von Parametern anzupassen (ca. 6 000 in der aktuellen EDC-
Generation). Diese Parameter werden unterteilt in:
● einzelne Kennwerte
   (z. B. Temperaturschwellen zum
   Aktivieren von Funktionen) oder
● große Kennfelder (zweidimensional),
   bzw. Kennräume (mehrdimensional,
   z. B. Einspritzzeitpunkt t_E als Funktion der

Drehzahl n, der Einspritzmenge m_e und
des Förderbeginns FB).

Die Optimierungsmöglichkeiten bei EDC-
Systemen sind so umfangreich geworden,
dass nur noch der erforderliche Zeit-, Perso-
nal- und Kostenaufwand für die Anpassung
und Überprüfung aller Funktionen und
ihrer Wechselwirkungen eine Begrenzung
des Optimierungsgrades darstellt.

Applikationsbereiche

Die Applikation von Pkw-Motoren teilt sich
in drei Bereiche auf:

Hardwareapplikation

Bei der Applikation von Pkw-Motoren
werden z. B. der Brennraum, die Einspritzpumpe oder die Einspritzdüse als Hardware
bezeichnet. Diese Hardware wird in erster
Linie so angepasst, dass die geforderten
Leistungs- und Emissionswerte erzielt
werden. Die Hardwareapplikation erfolgt
zunächst auf dem Motorprüfstand in Statio-
närversuchen. Sofern mit dem Motorprüfstand dynamische Tests möglich sind,
werden der Motor und das Einspritzsystem
weiter optimiert.

1 Fahrzeugapplikation mithilfe von PC-Tools ist zum Standard geworden

SAE 0992Y

Softwareapplikation

In Abstimmung zur festgelegten Hardware wird nun die Software im Steuergerät zur Gemischbildung bzw. Verbrennungssteuerung ausgelegt und angepasst. Zum Beispiel werden in diesem zweiten Bereich die Kennfelder für den Einspritzbeginn, die Abgasrückführung und den Ladedruck ermittelt und programmiert. Auch diese Arbeiten werden auf dem Motorprüfstand durchgeführt.

Fahrzeugapplikation

Nachdem die Basis für erste Fahrzeugversuche gelegt ist, erfolgt die Applikation aller das Fahrverhalten beeinflussenden Parameter. In diesem dritten Bereich findet die Hauptanpassung an das jeweilige Fahrzeug statt. Dies geschieht überwiegend am Fahrzeug (Bild 1).

Wechselwirkungen der drei Bereiche

Da es Wechselwirkungen zwischen den Applikationsbereichen gibt, kommt es zu Rekursionen (wiederholten Durchläufen). Außerdem ist es notwendig, alle drei genannten Bereiche möglichst frühzeitig parallel im Fahrzeug und auf dem Motorprüfstand zu bearbeiten.

Zum Beispiel wird bei niedriger Last eine sehr hohe Abgasrückführrate angestrebt, um die NO_X-Emissionen zu verringern. Im dynamischen Betrieb kann sich dadurch eine „schlechte Gasannahme" des Motors ergeben. Um ein gutes Beschleunigungsverhalten zu erreichen, muss die stationäre Emissionsauslegung der Softwareapplikation angepasst werden. Dabei entstehen möglicherweise Emissionsnachteile in einem Betriebsbereich, die in anderen Bereichen wieder kompensiert werden müssen.

Im beschriebenen Beispiel zeigt sich ein grundsätzlicher Konflikt zwischen den verschiedenen Zielrichtungen: Einerseits müssen „harte" Anforderungen erfüllt werden (z. B. gesetzlich vorgeschriebene Emissionsgrenzwerte); andererseits bestehen „weiche" Forderungen, die eher den Themen „Komfort" und „Sportlichkeit" (Fahrverhalten, Geräusch usw.) zuzuordnen sind. Letztere können zu gegensätzlichen Konsequenzen führen. Ein Kompromiss zwischen den verschiedenen Zielsetzungen bietet dabei dem Fahrzeughersteller die Möglichkeit, dem jeweiligen Fahrzeug einen Teil seines markenspezifischen Charakters aufzuprägen.

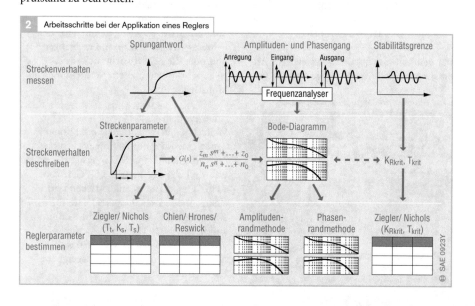

2   Arbeitsschritte bei der Applikation eines Reglers

© SAE 0923Y

Anpassungen an unterschiedliche Umgebungseinflüsse

Die verschiedenen Regler und sonstigen Größen für die Anpassung müssen für sehr unterschiedliche Umgebungsbedingungen ausgelegt sein. So gibt es z. B. in Verbindung mit der Leerlaufregelung verschiedene Parametersätze jeweils für jeden einzelnen Gang und hier für
- stehendes/fahrendes Fahrzeug,
- warmer/kalter Motor sowie
- aus-/eingekuppeltes Getriebe.

Daraus ergeben sich allein für diese Funktion bereits bis zu 50 Parametersätze.

Die EDC sieht Anpassungsfunktionen auch für extreme Umgebungsbedingungen vor. Diese müssen meist durch gezielte Sondererprobungen abgesichert werden:
- Kälte bis ca. –25 °C (z. B. Wintererprobung in Schweden),
- Hitze bis über 40 °C (z. B. Sommererprobung in Arizona),
- Geografische Höhe bzw. niedrige Luftdichte (z. B. Erprobung in den Alpen) und die
- Kombination Hitze und Höhe oder Kälte und Höhe z. B. bei Passfahrten mit schwerem Anhänger (z. B. in der Sierra Nevada in Spanien oder in den Alpen).

Für den Kaltstart müssen ganz spezielle Anpassungen der Einspritzmenge und des Einspritzzeitpunktes in Abhängigkeit von der Kühlwassertemperatur vorgenommen werden. Zusätzlich muss das Glühsystem angesteuert werden. Bei Fahrten mit kaltem Motor in großer Höhe ist das effektiv zur Verfügung stehende Anfahrmoment recht gering. Bei einigen Applikationen wird über die EDC das Laden des Generators für diesen kurzen Moment unterbunden, weil dieser sonst einen erheblichen Anteil des Motormoments „verbrauchen" würde. Besonders bei Fahrzeugen mit Automatikgetrieben wäre kein Anfahren mehr möglich, da kein ausreichendes Drehmoment an den Rädern ankommen würde.

Die Höhenanpassung von Turbomotoren erfordert z. B. eine Begrenzung des Sollladedrucks in Abhängigkeit des Umgebungsdrucks, da sonst der Turbolader durch Überdrehzahl zerstört würde.

Weitere Anpassungen
Sicherheitsfunktionen
Neben den für Emission, Leistung und Komfort maßgebenden Funktionen sind auch zahlreiche Sicherheitsfunktionen anzupassen (z. B. Verhalten bei Ausfall eines Sensors oder Stellglieds).

Die Sicherheitsfunktionen dienen in erster Linie dazu, das Fahrzeug in einen für den Fahrer unkritischen Zustand zu bringen und/oder die Betriebssicherheit des Motors zu gewährleisten (z. B. zur Vermeidung von Motorschäden).

Kommunikation
Weiterhin gibt es zahlreiche Funktionen, bei denen eine Kommunikation des Motorsteuergeräts mit anderen Fahrzeugsteuergeräten erforderlich ist (z. B. ASR, ESP, Getriebesteuerung bei Automatikgetrieben und elektronische Wegfahrsperre). Hierfür wird eine spezielle Codierung für die Kommunikation eingestellt (Ein- und Ausgangsgrößen). Gegebenenfalls müssen weitere Messgrößen berechnet und in geeigneter Form codiert werden.

3   Bildschirm eines Motorprüfstands (Beispiel)

Applikationsbeispiele

Mit dem Einsatz der EDC seit 1986 haben sich die Optimierungsmöglichkeiten, insbesondere im Hinblick auf die Komfortgrößen, erheblich erweitert. Es kommen eine Vielzahl von Softwarefunktionen (z. B. Regler) zum Einsatz, die alle speziell für jedes Fahrzeug angepasst werden müssen. Dazu einige Beispiele:

Leerlaufregelung LLR

Die Leerlaufregelung regelt bei nicht betätigtem Fahrpedal eine bestimmte Leerlaufdrehzahl ein. Die Leerlaufregelung muss in allen möglichen Betriebszuständen einwandfrei arbeiten. Daher ist eine sehr umfangreiche Anpassungsarbeit notwendig. Sehr anspruchsvoll zum Beispiel ist die Anpassung des Leergasfahrens in allen Gängen besonders im Zusammenspiel mit den üblichen Zweimasseschwungrädern. Mit diesen Schwungrädern ergibt sich ein sehr komplexes Drehschwingungsverhalten des gesamten Antriebsstrangs.

Zunächst erfolgt die analytische Beschreibung (d. h. das Messen des Regelstreckenverhaltens, die formelmäßige Beschreibung der Strecke und das Festlegen der Regelparameter).

Anschließend folgt die umfangreiche Fahrerprobung. Die Möglichkeit zu nahezu unbegrenzter horizontaler Fahrt bietet eine Kreisbahn (Teststrecke). Insbesondere mit der aktiven Ruckeldämpfung kann es zu Zielkonflikten kommen, da diese das schnelle Ausregeln von Drehzahl- oder Lastsprüngen behindern kann.

Außer dem Antriebsstrang spielt dabei auch die Motorlagerung eine große Rolle. Zur Minderung der verschiedenen Zielkonflikte kommt deshalb in einigen Anwendungen eine über die EDC umschaltbare Motorlagerung zum Einsatz. Sie erlaubt im Leerlauf eine sehr weiche Abstimmung und ermöglicht unter Last eine härtere Abstützung des Motors.

Laufruheregelung LRR

Die Laufruheregelung sorgt für gleichmäßige Einspritzmengen auf allen Zylindern und verbessert damit die Laufruhe und die Emissionen. Unter Umständen kann eine Fehlfunktion bei sehr hohen oder niedrigen Umgebungstemperaturen auftreten, wenn sich die Dämpfungseigenschaften im Riementrieb für die Motoranbaukomponenten (z. B. Generator, Servopumpe, Klimakompressor) stark verändern. Je nach auftretenden Frequenzen, verursacht von periodischen Drehzahländerungen, kann die Laufruheregelung versuchen, diese durch entsprechende zylinderindividuelle Mengenänderungen auszugleichen. Unter ungünstigen Bedingungen verschlechtert sie dann das Abgasverhalten oder trägt erst recht zur Laufunruhe des Motors bei. Deshalb muss diese Funktion in allen Betriebszuständen abgesichert, d. h. erprobt werden.

Ladedruckregelung LDR

Fast alle bestehenden DI-Pkw-Motoren sind mit einem Lader ausgerüstet. Bei den meisten dieser Motoren wird die Regelung des Ladedrucks von der EDC übernommen. Ziel ist ein optimales Ansprechverhalten (schneller Ladedruckaufbau) und ein zuverlässiger Motorschutz (z. B. kein Überschwingen des Ladedrucks und damit unzulässig hoher Zylinderdruck).

Abgasrückführregelung AGR

Die Abgasrückführung gehört zum Standard bei DI-Pkw-Motoren. Wie schon angesprochen, hat sie zusammen mit der Ladedruckregelung wesentlichen Einfluss auf die dem Motor zugeführte Luftmenge. Um eine rauchfreie und NO_X-arme Verbrennung sicherzustellen, muss das Luft-Kraftstoff-Gemisch je nach Betriebspunkt genau festgelegte Werte einhalten. Diese werden zunächst im Stationärbetrieb am Motorprüfstand optimiert. Die Regelung hat nun die Aufgabe, diese Werte im Fahrbetrieb unter dynamischen Bedingungen einzuhalten, ohne das Ansprechverhalten des Motors negativ zu beeinflussen.

Applikation[1]) Nkw-Motoren

[1]) In einigen Bereichen wird anstelle „Applikation" auch der Begriff „Kalibrierung" verwendet.

Insbesondere wegen seiner Wirtschaftlichkeit und Langlebigkeit hat sich beim Nutzfahrzeug der Dieselmotor durchgesetzt. Es werden heute nur noch Direkteinspritzer (DI) entwickelt.

Optimierungsziele

Bei Nkw-Motoren werden folgende Kriterien optimiert:

Drehmoment

Ziel ist es, in allen Betriebsbereichen ein möglichst hohes Drehmoment zu erreichen, um schwere Lasten auch unter erschwerten Bedingungen (z. B. starke Steigungen, Nebenaggregate) bewältigen zu können. Dabei müssen die Motorgrenzen (z. B. max. zulässiger Zylinderdruck und die Abgastemperatur) und das Rauchlimit berücksichtigt werden.

Kraftstoffverbrauch

Beim Nkw ist die Wirtschaftlichkeit entscheidend. Deshalb hat der Kraftstoffverbrauch beim Nkw einen noch höheren Stellenwert als beim Pkw. Die Minimierung des Kraftstoffverbrauchs (bzw. der CO_2-Emission) hat deshalb bei der Applikation eine zentrale Bedeutung.

Lebensdauer

Für Nkw werden mittlerweile Dauerhaltbarkeitsforderungen von über 1 Million Kilometer gestellt.

Schadstoffemissionen

Neu zugelassene Nkw müssen in der Europäischen Union seit Oktober 2000 die Abgasnorm Euro III erfüllen. Die Applikation muss so erfolgen, dass die Grenzwerte für NO_X, Partikel, HC, CO und Abgastrübung sicher eingehalten werden.

Komfort

Auch die Komfortanforderungen u. a. an das Fahrverhalten, die Geräuschemission, die Laufruhe und das Startverhalten müssen erfüllt werden.

Applikationsbereiche

Ziel der Applikation ist es, dass die zuvor genannten Ziele möglichst optimal erfüllt werden, d. h. ein bestmöglicher Kompromiss der teilweise konkurrierenden Anforderungen erzielt wird. Dazu werden sowohl Hardware-Komponenten des Motors und des Einspritzsystems als auch Softwarefunktionen im Motorsteuergerät angepasst.

Wie beim Pkw kann zwischen den Bereichen Hardware-, Software- und Fahrzeugapplikation unterschieden werden (Bild 1).

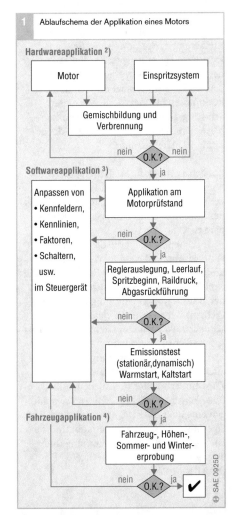

1   Ablaufschema der Applikation eines Motors

Hardwareapplikation [2])

Motor   Einspritzsystem

Gemischbildung und Verbrennung

nein   O.K.?   nein   ja

Softwareapplikation [3])

Anpassen von
- Kennfeldern,
- Kennlinien,
- Faktoren,
- Schaltern,
usw.
im Steuergerät

Applikation am Motorprüfstand

nein   O.K.?   ja

Reglerauslegung, Leerlauf, Spritzbeginn, Raildruck, Abgasrückführung

nein   O.K.?   ja

Emissionstest (stationär, dynamisch) Warmstart, Kaltstart

nein   O.K.?   ja

Fahrzeugapplikation [4])

Fahrzeug-, Höhen-, Sommer- und Wintererprobung

nein   O.K.?   ja ✔

SAE 0925D

Bild 1

[2]) Kriterien:
- Volllastverhalten
- Emissionen
- Kraftstoffverbrauch

[3]) weiteres Kriterium:
- dynamische Anpassung

[4]) weitere Kriterien:
- Startverhalten
- Laufruhe usw.

Hardwareapplikation

Bei der Hardwareapplikation werden alle maßgeblichen „Bauteile" des Motors und des Einspritzsystems angepasst. Wichtige Hardware-Komponenten des Motors sind der Brennraum, die Aufladung (Turbolader), die Luftzufuhr (z. B. Luftdrall) und bei Bedarf das Abgasrückführsystem. Wesentliche Komponenten des Einspritzsystems sind die Einspritzpumpe, gegebenenfalls die Hochdruckleitungen und die Einspritzdüse. Die Hardwareapplikation wird am Motorprüfstand durchgeführt.

Softwareapplikation

Abgestimmt auf die festgelegte Hardware wird nun die Software im Steuergerät appliziert. In der Software sind die Abhängigkeiten einer Vielzahl von Parametern für Motor und Einspritzsystem abgelegt (Beispiel Bild 2). Auch diese Arbeiten erfolgen am Motorprüfstand. Ein Applikationssteuergerät, das wie beim Pkw mit einem PC mit Bediensoftware verbunden ist, erlaubt den Zugriff auf die anzupassende Software.

Im Rahmen der Softwareapplikation werden folgende Arbeiten durchgeführt:
● Applikation der Grundkennfelder an stationären Betriebspunkten,
● Regler-Applikation,
● Applikation von Korrekturkennfeldern,
● Kennfeld-Optimierung im dynamischen Betrieb.

Am Motorprüfstand werden zunächst an stationären Betriebspunkten Variationen der systemspezifischen Parameter – wie Einspritzbeginn, Einspritzdruck, Abgasrückführung, Ladedruck sowie ggf. Vor- und Nacheinspritzung – durchgeführt. Die Versuchsergebnisse werden bezüglich der Zielwerte (Emissionen, Kraftstoffverbrauch usw.) ausgewertet. Auf der Basis dieser Ergebnisse werden dann die entsprechenden Kennwerte, Kennlinien und Kennfelder ermittelt und programmiert (Bild 3, nächste Seite). Wegen der wachsenden Zahl der Parameter wird zunehmend eine Automatisierung der Parametervariation angestrebt.

Nach der Anpassung der Grundkennfelder wird der Einfluss von z. B. Umgebungslufttemperatur, Atmosphärendruck, Kühlmitteltemperatur und Kraftstofftemperatur auf die Hauptparameter in sogenannten Korrekturkennfeldern berücksichtigt. Weiterhin werden vorhandene Regler angepasst (z. B. Raildruckregelung beim Einspritzsystem Common Rail, Ladedruckregelung). Der stationär ermittelte Datensatz wird abschließend im dynamischen Betrieb optimiert.

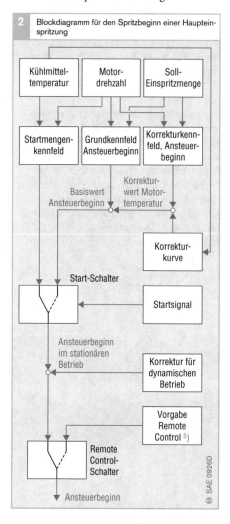

2 Blockdiagramm für den Spritzbeginn einer Haupteinspritzung

© SAE 0926D

Bild 2

5) Festwertvorgabe zur Umgehung der Kennfelder bei der Applikation

Fahrzeugapplikation

Bei der Fahrzeugapplikation wird die am Motorprüfstand durchgeführte Basisauslegung des Motors auf die Verhältnisse im Fahrzeug angepasst und die Erfüllung der Anforderungen möglichst unter allen in der Praxis auftretenden Randbedingungen überprüft.

Die Applikation bzw. Überprüfung der Grundfunktionen wie z. B. Leerlaufdrehzahlregelung, Fahrverhalten und Startverhalten erfolgt im Wesentlichen wie beim Pkw, wobei die Beurteilungskriterien je nach Anwendungsfall unterschiedlich sein können. Bei der Applikation eines Bus-Motors wird eher auf Fahrkomfort oder geringes Geräusch Wert gelegt, während ein Nkw für den Fernverkehr besonders auf zuverlässiges und ökonomisches Bewegen schwerer Lasten ausgelegt wird.

Applikationsbeispiele

Leerlaufregelung LLR

Bei der Applikation des Leerlaufdrehzahlreglers für einen Nkw legt man im Allgemeinen besonderes Gewicht auf gute Lastaufnahme und geringes Unterschwingen. Damit ist gutes Anfahren und Rangieren auch mit schwerer Last gewährleistet.

Das Verhalten der Regelstrecke „Antriebsstrang" hängt stark von der Temperatur und der Übersetzung ab. Deshalb gibt es im Motorsteuergerät mehrere Parametersätze für den Leerlaufregler. Bei der Festlegung dieser Parameter muss auch berücksichtigt werden, dass sich das Verhalten des Antriebsstranges im Verlauf der Lebensdauer verändert.

Nebenabtriebe

Viele Nkw sind mit Nebenabtrieben ausgerüstet, die z. B. Krane, Hebebühnen oder Pumpen antreiben. Diese erfordern oft eine erhöhte, möglichst konstante und lastunabhängige Arbeitsdrehzahl des Dieselmotors. Sie kann von der EDC über den „Zwischendrehzahlregler" eingeregelt werden. Auch hier können die Reglerparameter an die Anforderungen des angebauten Arbeitsgerätes angepasst werden.

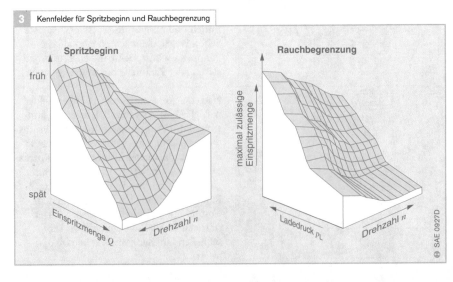

3 Kennfelder für Spritzbeginn und Rauchbegrenzung

SAE 0927D

Fahrverhalten

Das Fahrverhalten, d. h. die Umsetzung der Fahrpedalstellung in Einspritzmenge bzw. Drehmoment kann bei der Applikation über das Motorsteuergerät in weiten Bereichen frei eingestellt werden. Es hängt von der Anwendung ab, ob eher ein Fahrverhalten mit „RQ-Charakteristik[6]", mit „RQV-Verhalten[7]" oder einer Mischung dieser beiden Reglerarten appliziert wird.

Kommunikation

Das EDC-Steuergerät ist bei einem Nkw in der Regel in einen Verbund mehrerer elektronischer Steuergeräte eingebunden. Der Datenaustausch zwischen Fahrzeug-, Getriebe-, Bremsen- und Motormanagement erfolgt über einen elektronischen Datenbus (meist CAN). Das korrekte Zusammenwirken der beteiligten Steuergeräte kann erst mit dem Originaleinbau im Fahrzeug überprüft bzw. optimiert werden, da bei der Grundauslegung auf dem Motorprüfstand meist nur das Motorsteuergerät allein verwendet wird.

Ein typisches Beispiel für das Zusammenspiel zweier Steuergeräte im Fahrzeug ist der Ablauf eines Schaltvorgangs mit automatisiertem Getriebe. Das Getriebesteuergerät fordert zum optimalen Zeitpunkt des Gangwechsels über den Datenbus eine Reduzierung der Einspritzmenge an. Das Motorsteuergerät nimmt dann ohne Beteiligung des Fahrers die Menge zurück und ermöglicht so dem Getriebesteuergerät, den Gang herauszunehmen. Bei Bedarf kann das Getriebesteuergerät zur Anpassung der Drehzahl Zwischengas anfordern und dann im richtigen Zeitpunkt den neuen Gang einlegen. Danach wird die Kontrolle der Einspritzmenge wieder dem Fahrer überlassen.

Elektromagnetische Verträglichkeit

Die große Zahl von elektronischen Fahrzeugsystemen und die weite Verbreitung von zusätzlicher Kommunikationselektronik (z. B. Funktelefone, Funkgeräte, GPS-Ortungssysteme) im Nkw machen es erforderlich, die Elektromagnetische Verträglichkeit EMV des Motorsteuergeräts samt Kabelbaum hinsichtlich Störeinstrahlung und Abstrahlung zu optimieren. Ein großer Teil dieser Optimierungsarbeit wird zwar schon bei der Entwicklung der beteiligten Steuergeräte und Sensorik geleistet. Da jedoch die Ausführung (z. B. Kabellängen, Abschirmungen) und Verlegung der Kabelbäume im Fahrzeug großen Einfluss auf die Stör- und Abstrahlfestigkeit haben, ist eine Überprüfung und gegebenenfalls Optimierung des gesamten Fahrzeuges in einer EMV-Halle unbedingt erforderlich.

Diagnose

Auch beim Nkw sind die Anforderungen an die Fahrzeugdiagnose sehr hoch. Durch eine zuverlässige Diagnose wird eine höchstmögliche Fahrzeugverfügbarkeit erreicht.

Das Motorsteuergerät überprüft die Signale aller angeschlossenen Sensoren und Stellglieder permanent auf Über- oder Unterschreitung der Bereichsgrenzen, auf Wackelkontakte, Kurzschlüsse nach Masse oder Batteriespannung und Plausibilität mit anderen Signalen. Die Bereichs- und Plausibilitätsgrenzen muss der Applikateur festlegen. Diese werden wie beim Pkw so gewählt, dass auch bei Extrembedingungen (Sommer, Winter, Höhe) keine Fehldiagnosen erfolgen, andererseits aber die Empfindlichkeit für wirkliche Fehler noch groß genug ist. Außerdem muss festgelegt werden, wie der Motor bei Vorliegen eines Fehlers weiterbetrieben werden darf. Schließlich wird der Fehler noch im Fehlerspeicher abgelegt, um der Service-Werkstatt ein schnelles Auffinden und Beheben des Fehlers zu ermöglichen.

[6] Leerlauf-Enddrehzahlregler oder nur Enddrehzahlregler
[7] Alldrehzahlregler oder Stufenregler

▷ **Motorprüfstand**

Ein Einspritzsystem wird bereits während seiner Entwicklung auf Motorprüfständen getestet. Sie sind so aufgebaut, dass die verschiedenen Bereiche eines Motors leicht zugänglich sind.

Durch Konditionierung der Versorgungsmedien wie Ansaugluft, Kraftstoff und Kühlmittel (z. B. auf Temperatur, Druck), ergeben sich reproduzierbare (wiederholbare) Ergebnisse.

Neben Stationärmessungen müssen zunehmend auch dynamische Tests mit schnellen Last- und Drehzahlwechseln gefahren werden. Hierfür bieten sich Prüfstände mit einer elektrischen Leistungsbremse (18) an. Sie können den Prüfling auch antreiben (wie im Schub-

betrieb z. B. bei Bergabfahrt). Mit entsprechender Simulationssoftware können dann auch die gesetzlichen Abgastests für Pkw statt auf Fahrzeugrollenprüfständen auf Motorprüfständen gefahren werden.
Der Prüfstandsrechner (20) ist für die Steuerung und Überwachung des Motors und der Messgeräte zuständig. Er übernimmt auch die Datenerfassung und -speicherung. Mithilfe einer Automatisierungssoftware können Applikationsarbeiten (z. B. Kennfeldmessungen) sehr effektiv durchgeführt werden.

Mit einem geeigneten Schnellwechselsystem (8) können die Paletten mit den zu prüfenden Motoren innerhalb von etwa 20 Minuten gewechselt werden. Dadurch erhöhen sich die Nutzungszeiten der Prüfstände.

▼ **Prinzipieller Aufbau eines Motorprüfstands**

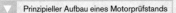
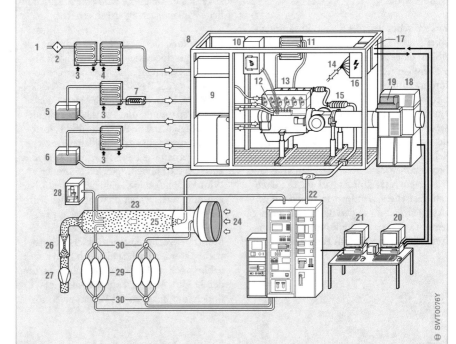

SWT0076Y

Applikationstools

Zu den klassischen Einrichtungen für die Applikation (Pkw und Nkw) zählen:
- der Glasmotor (meist ein Einzylindermotor, bei dem mithilfe von kleinen Scheiben und Spiegeln der Verlauf der Verbrennung beobachtet werden kann),
- der Motorprüfstand,
- die EMV-Halle und
- die verschiedensten Sonderaufbauten wie zum Beispiel Mikrofone zur Schallmessung oder Dehnmessstreifen zur Ermittlung von mechanischen Spannungen.

Auch die Computersimulation von Hardware- und Softwarekomponenten gewinnt immer mehr an Bedeutung. Ein großer Anteil der Applikationsarbeiten wird jedoch mit PC-gestützten Applikationstools (d. h. Applikationswerkzeugen) gemacht. Sie er-

möglichen den Eingriff in die Software der Motorsteuerung. Ein Applikationstool ist das System INCA (Integrated Calibration and Acquisition System, d. h. integriertes Kalibrier- und Aufnahmesystem). INCA ist ein System mehrerer Tools. Es gliedert sich in folgende Teile:
- Das *Kernsystem* beinhaltet alle Mess- und Verstellfunktionen.
- Die *Offline Tools (Standardumfang)* umfassen die Software zur Messdatenauswertung, das Verstelldatenmanagement und das Programmierwerkzeug für den programmierbaren Festwertspeicher (Flash-EPROM).

Anhand eines typischen Applikationsablaufs soll hier gezeigt werden, wie die Applikationstools arbeiten.

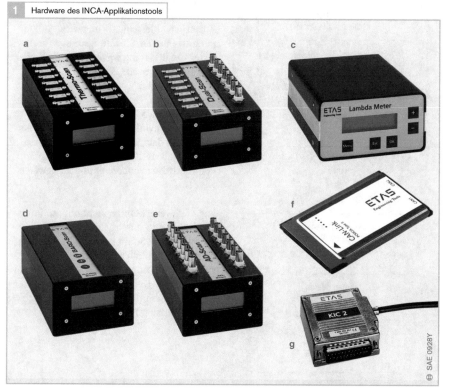

1   Hardware des INCA-Applikationstools

⊕ SAE 0928Y

Bild 1
a   *Thermo-Scan*
   Messschnittstelle für Temperatursensoren
b   *Dual-Scan*
   Messschnittstelle für Analogsignale und Temperatursensoren
c   *Lambda Meter*
   Schnittstelle für Breitband-Lambda-Sonde
d   *Baro-Scan*
   Messmodul für Drücke
e   *AD-Scan*
   Messschnittstelle für Analogsignale
f   *CAN-Link-Karte*
g   *KIC 2*
   Applikationsmodul für Diagnoseschnittstelle (K-Schnittstelle)

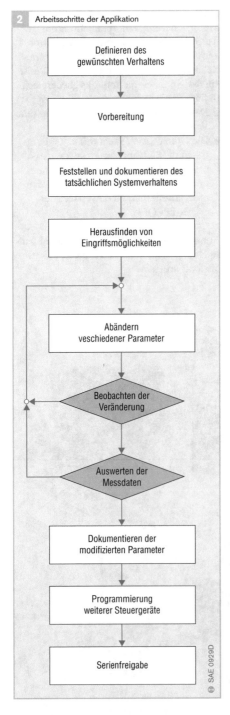

2   Arbeitsschritte der Applikation

- Definieren des gewünschten Verhaltens
- Vorbereitung
- Feststellen und dokumentieren des tatsächlichen Systemverhaltens
- Herausfinden von Eingriffsmöglichkeiten
- Abändern veschiedener Parameter
- Beobachten der Veränderung
- Auswerten der Messdaten
- Dokumentieren der modifizierten Parameter
- Programmierung weiterer Steuergeräte
- Serienfreigabe

SAE 0929D

Ablauf einer Softwareapplikation

Definieren des gewünschten Verhaltens

Die gewünschten Eigenschaften (z. B. Dynamik, Geräusch, Abgaszusammensetzung) werden vom Motorenhersteller und von der (Abgas-)Gesetzgebung vorgegeben. Ziel der Applikation ist es, das Verhalten des Motors so zu verändern, dass diese Forderungen erfüllt werden. Dazu sind Versuche im Fahrzeug oder am Motorprüfstand erforderlich.

Vorbereitung

Für die Applikation werden spezielle elektronische Motorsteuergeräte MSG verwendet. Sie bieten gegenüber den im Serienfahrzeug verwendeten Steuergeräten die Möglichkeit, Werte, die sich im normalen Betrieb nicht ändern (Parameter), zu beeinflussen. Wichtig ist es, bei der Vorbereitung die geeignete Schnittstelle hardware- und/oder softwareseitig auszuwählen und einzurichten.

Zusätzliche Messeinrichtungen (z. B. Temperatursensoren, Strömungsmessgeräte) lassen die Erfassung weiterer physikalischer Größen für spezielle Versuche zu.

Feststellen und Dokumentieren des tatsächlichen Systemverhaltens

Das Erfassen von bestimmten Messwerten erfolgt mit dem INCA-Kernsystem. Diese können z. B. als Ziffern oder Kurven auf dem Bildschirm angezeigt und ausgewertet werden.

Die Messwerte können nicht nur am Ende, sondern auch während der Messung beobachtet werden. Somit kann das Verhalten des Motors bei Veränderungen (z. B. der Abgasrückführrate) untersucht werden. Sie lassen sich auch zur Dokumentation bzw. späteren Analyse bei einmaligen kurzen Vorgängen (z. B. Motorstart) aufzeichnen.

Herausfinden von Eingriffsmöglichkeiten

Mithilfe der Dokumentation zur Steuergerätesoftware (Datenrahmen) kann festgestellt werden, durch welche Parameter das Verhalten des Systems günstig beeinflusst werden kann.

Abändern verschiedener Parameter

Die in der Steuergerätesoftware enthaltenen Parameter können numerisch (als Tabellen) oder grafisch (als Kurven) am PC dargestellt und verändert werden. Dabei wird das Systemverhalten ständig kontrolliert.

Alle Parameter können bei laufendem Motor verändert werden, sodass die Auswirkungen sofort spürbar bzw. messbar sind.

Bei einmaligen kurzzeitigen, nicht kontinuierlichen Vorgängen (z. B. Motorstart) ist es kaum möglich, die Parameter während dieser Zeit anzupassen. Hier ist es erforderlich, in einem Versuch den Vorgang aufzuzeichnen, die Messdaten in einer Datei abzuspeichern und anschließend anhand dieser Aufzeichnung die zu verändernden Parameter zu ermitteln.

Weitere Versuche dienen der Erfolgskontrolle bzw. zur Gewinnung weiterer Erkenntnisse.

Auswertung der Messdaten

Die Auswertung und Dokumentation der Messdaten erfolgt mit dem Offline Tool „Messdatenanalyse" MDA (auch Measure Data Analyzer genannt). In diesem Arbeitsabschnitt wird das Systemverhalten vor und nach der Bearbeitung verglichen und dokumentiert. Diese Dokumentation umfasst Verbesserungen ebenso wie Probleme und Fehlver-

halten. Die Dokumentation ist wichtig, weil sich mehrere Personen zu unterschiedlichen Zeiten mit dem System Motor befassen.

Dokumentieren der modifizierten Parameter

Auch die Änderungen der Parameter werden verglichen und dokumentiert. Dies geschieht mit dem Offline Tool „Applikationsdatenmanager" ADM (auch Calibration Data Manager CDM genannt).

Die Applikationsdaten von verschiedenen Bearbeitern werden verglichen und durch Kopieren zu einem Datensatz zusammengeführt.

Programmierung weiterer Steuergeräte

Die neu ermittelten Parameter können auch in anderen Motorsteuergeräten für die weitere Applikation verwendet werden. Dazu muss der Festwertspeicher (Flash-EPROM) dieser Steuergeräte neu programmiert werden. Dies geschieht mit dem im INCA-Kernsystem integrierten Tool „Programming of Flash-EPROM" PROF.

Je nach Umfang der Applikation und der Neuerungen sind mehrere Schleifen der hier beschriebenen Schritte notwendig.

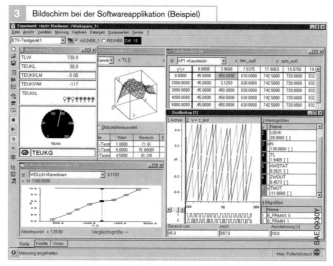

3 Bildschirm bei der Softwareapplikation (Beispiel)

Sensoren

Sensoren erfassen Betriebszustände (z. B.
Motordrehzahl) und Sollwerte (z. B. Fahr-
pedalstellung). Sie wandeln physikalische
Größen (z. B. Druck) oder chemische
Größen (z. B. Abgaskonzentration) in elek-
trische Signale um.

Einsatz im Kraftfahrzeug

Sensoren und Aktoren bilden die Schnittstelle zwischen dem Fahrzeug mit seinen
komplexen Antriebs-, Brems,- Fahrwerk-
und Karosseriefunktionen und den elektronischen Steuergeräten als Verarbeitungsein-
heiten (z. B. Motorsteuerung, ESP, Klimasteuerung). In der Regel bereitet eine
Anpassschaltung im Sensor die Signale auf,
damit sie vom Steuergerät eingelesen werden
können.

Das Gebiet der Mechatronik, bei dem mechanische, elektronische und datenverarbei-
tende Komponenten eng verknüpft zusam-
menarbeiten, gewinnt auch bei den Sensoren immer mehr an Bedeutung. Sie werden
in Modulen integriert (z. B. Kurbelwellen-
Dichtmodul mit Drehzahlsensor).

Sensoren werden immer kleiner. Dabei sol-
len sie auch schneller und genauer werden,
da ihre Ausgangssignale direkt auf Leistung
und Drehmoment des Motors, auf die Emissionen, das Fahrverhalten und die Sicherheit
des Fahrzeugs Einfluss nehmen. Durch die
Mechatronik ist dies möglich.

Signalaufbereitung, Analog-Digital-Wand-
lung, Selbstkalibrierungsfunktionen und
zukünftig ein kleiner Mikrocomputer für
weitere Signalverarbeitungen können je
nach Integrationsstufe bereits im Sensor
integriert sein (Bild 1). Dies hat folgende
Vorteile:
• im Steuergerät ist weniger Rechenleistung
  erforderlich,
• eine einheitliche, flexible und busfähige
  Schnittstelle für alle Sensoren,
• direkte Mehrfachnutzung eines Sensors
  über den Datenbus,
• Erfassung kleinerer Messeffekte und
• einfacher Abgleich des Sensors.

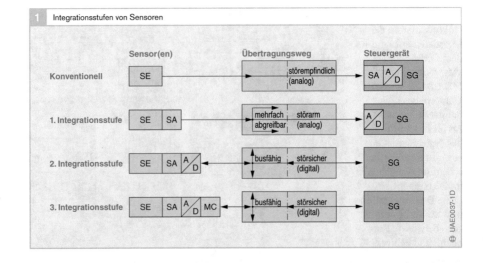

Bild 1
SE Sensor(en)
SA analoge Signal-
     aufbereitung
A/D Analog-Digital-
     Wandler
SG digitales Steuer-
     gerät
MC Mikrocomputer
     (Auswerte-
     elektronik)

Temperatursensoren

Anwendung

Motortemperatursensor

Dieser Sensor ist im Kühlmittelkreislauf eingebaut (Bild 1), um für die Motorsteuerung
von der Kühlmitteltemperatur auf die
Motortemperatur schließen zu können
(Messbereich – 40 … +130 °C).

Lufttemperatursensor

Dieser Sensor im Ansaugtrakt erfasst die
Ansauglufttemperatur, mit der sich in Verbindung mit einem Ladedrucksensor die
angesaugte Luftmasse berechnen lässt.
Außerdem können Sollwerte für Regelkreise
(z. B. Abgasrückführung, Ladedruckregelung) an die Lufttemperatur angepasst
werden (Messbereich –40 … +120 °C).

Motoröltemperatursensor

Das Signal des Motoröltemperatursensors
wird bei der Berechnung des Serviceintervalls verwendet (Messbereich –40 …
+170 °C).

Kraftstofftemperatursensor

Er ist im Dieselkraftstoff-Niederdruckteil
eingebaut. Mit der Kraftstofftemperatur
kann die eingespritzte Kraftstoffmenge
genau berechnet werden (Messbereich
– 40 … +120 °C).

Abgastemperatursensor

Dieser Sensor wird an temperaturkritischen
Stellen im Abgassystem montiert. Er wird
für die Regelung der Systeme zur Abgas-
nachbehandlung eingesetzt. Der Messwiderstand besteht meist aus Platin (Messbereich
–40 … +1000 °C).

Aufbau und Arbeitsweise

Temperatursensoren werden je nach An-
wendungsgebiet in unterschiedlichen Bauformen angeboten. In einem Gehäuse ist ein
temperaturabhängiger Messwiderstand
aus Halbleitermaterial eingebaut. Dieser hat
üblicherweise einen negativen Temperaturkoeffizienten (NTC, Negative Temperature
Coefficient, Bild 2), seltener einen positiven
Temperaturkoeffizienten (PTC, Positive
Temperature Coefficient), d. h. sein Widerstand verringert bzw. erhöht sich drastisch
bei steigender Temperatur.

Der Messwiderstand ist Teil einer Span-
nungsteilerschaltung, die mit 5 V versorgt
wird. Die am Messwiderstand gemessene
Spannung ist somit temperaturabhängig. Sie
wird über einen Analog-Digital-Wandler
eingelesen und ist ein Maß für die Temperatur am Sensor. Im Motorsteuergerät ist eine
Kennlinie gespeichert, die jedem Widerstand
bzw. Wert der Ausgangsspannung eine entsprechende Temperatur zuweist.

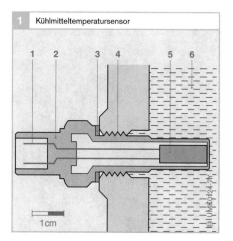

1 Kühlmitteltemperatursensor

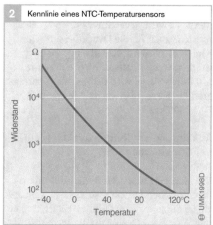

2 Kennlinie eines NTC-Temperatursensors

Bild 1

1 Elektrischer
   Anschluss
2 Gehäuse
3 Dichtring
4 Einschraubgewinde
5 Messwiderstand
6 Kühlmittel

Mikromechanische Drucksensoren

Anwendung

Saugrohr- oder Ladedrucksensor

Dieser Sensor misst den Absolutdruck im Lufteinlassrohr („Saugrohr") zwischen Lader und Motor (typisch 250 kPa bzw. 2,5 bar) gegen ein Referenzvakuum im Sensor und nicht gegen den Umgebungsdruck. Dadurch kann die Luftmasse genau bestimmt sowie der Ladedruck entsprechend dem Motorbedarf geregelt werden.

Umgebungsdrucksensor

Dieser Sensor (auch **A**tmosphären**d**ruck-fühler, ADF, genannt) ist in der Regel im Steuergerät oder im Motorraum angebracht. Sein Signal dient der höhenabhängigen Korrektur der Sollwerte für die Regelkreise, z. B. der Abgasrückführung und der Lade-druckregelung. Damit kann die unter-schiedliche Umgebungsluftdichte berück-sichtigt werden. Der Umgebungsdrucksen-sor misst den Absolutdruck (60 … 115 kPa bzw. 0,6 … 1,15 bar).

Öl- und Kraftstoffdrucksensor

Öldrucksensoren sind am Ölfilter eingebaut und messen den Absolutöldruck, damit die Motorbelastung für die Serviceanzeige er-mittelt werden kann. Ihr Druckbereich liegt bei 50 … 1000 kPa bzw. 0,5 … 10,0 bar. Die Messzelle wird wegen ihrer hohen Medien-resistenz auch für die Druckmessung im Kraftstoff-Niederdruckteil eingesetzt. Sie ist im oder am Kraftstofffilter eingebaut. Mit ihrem Signal wird der Verschmutzungs-grad des Filters überwacht (Messbereich 20 … 400 kPa bzw. 0,2 … 4 bar).

Ausführung mit Referenzvakuum auf der Strukturseite

Aufbau

Die Messzelle ist das Herzstück des mikro-mechanischen Drucksensors. Sie besteht aus einem Silizium-Chip (Bild 1, Pos. 2), in den mikromechanisch eine dünne Membran

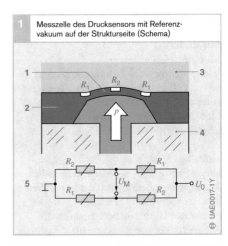

1 Messzelle des Drucksensors mit Referenz-vakuum auf der Strukturseite (Schema)

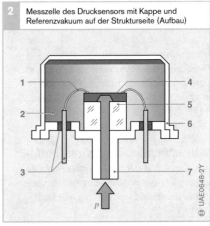

2 Messzelle des Drucksensors mit Kappe und Referenzvakuum auf der Strukturseite (Aufbau)

3 Messzelle des Drucksensors mit Kappe und Referenzvakuum auf der Strukturseite (Ansicht)

eingeätzt ist (1). Auf der Membran sind vier Dehnwiderstände eindiffundiert (R_1, R_2), deren elektrischer Widerstand sich bei mechanischer Dehnung ändert. Eine Kappe, unter der das Referenzvakuum eingeschlossen ist, umgibt die Messzelle auf ihrer Strukturseite und dichtet sie ab (Bilder 2 und 3). Im Gehäuse des Drucksensors kann zusätzlich ein *Temperatursensor* integriert sein (Bild 4, Pos. 1), dessen Signale unabhängig ausgewertet werden können. Somit genügt nur ein Sensorgehäuse, um an einer Stelle sowohl die Temperatur als auch den Druck zu messen.

Arbeitsweise

Je nach Höhe des Messdrucks wird die Membran der Sensorzelle unterschiedlich durchgebogen (10 … 1000 µm). Die vier Dehnwiderstände auf der Membran ändern ihren elektrischen Widerstand unter den entstehenden mechanischen Dehnungen oder Stauchungen (piezoresistiver Effekt).

Die Messwiderstände sind auf dem Siliziumchip so angeordnet, dass bei Verformung der Membran der elektrische Widerstand von zwei Messwiderständen zunimmt und von den beiden anderen abnimmt. Die Messwiderstände sind in einer Wheatstone'schen Brückenschaltung angeordnet (Bild 1, Pos. 5). Durch die Änderung der Widerstände verändert sich auch das Verhältnis der elektrischen Spannungen an den Messwiderständen. Dadurch ändert sich die Messspannung U_M. Diese noch nicht verstärkte Messspannung ist somit ein Maß für den Druck an der Membran.

Mit der Brückenschaltung ergibt sich eine höhere Messspannung als bei der Auswertung eines einzelnen Widerstands. Die Wheatstone'sche Brückenschaltung ermöglicht damit eine hohe Empfindlichkeit des Sensors.

Die nicht mit dem Messdruck beaufschlagte Strukturseite der Membran ist einem Referenzvakuum ausgesetzt (Bild 2, Pos. 2), sodass der Sensor den Absolutwert des Drucks misst.

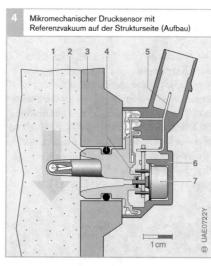

4 Mikromechanischer Drucksensor mit Referenzvakuum auf der Strukturseite (Aufbau)

1 cm

Bild 4
1 Temperatursensor (NTC)
2 Gehäuseunterteil
3 Saugrohrwand
4 Dichtringe
5 elektrischer Anschluss (Stecker)
6 Gehäusedeckel
7 Messzelle

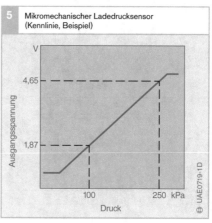

5 Mikromechanischer Ladedrucksensor (Kennlinie, Beispiel)

Ausgangsspannung

V

4,65

1,87

100   250 kPa

Druck

Die Elektronik für die Signalaufbereitung ist auf dem Chip integriert und hat die Aufgabe, die Brückenspannung zu verstärken, Temperatureinflüsse zu kompensieren und die Druckkennlinie zu linearisieren. Die Ausgangsspannung liegt im Bereich zwischen 0 und 5 V und wird über elektrische Anschlüsse dem Motorsteuergerät zugeführt (Bild 4, Pos. 5). Das Steuergerät berechnet aus dieser Ausgangsspannung den Druck (Bild 5).

Ausführung mit Referenzvakuum in einer Kaverne

Aufbau

Der *Drucksensor* mit Referenzvakuum in einer Kaverne (Bilder 6 und 7) für die Anwendung als Saugrohr- oder Ladedrucksensor ist einfacher aufgebaut als der Sensor mit Referenzvakuum auf der Strukturseite: Ein Silizium-Chip mit eingeätzter Membran und vier Dehnwiderständen in Brückenschaltung sitzt – wie beim Drucksensor mit Kappe und Referenzvakuum auf der Strukturseite – als Messzelle auf einem Glassockel.

Der Glassockel hat jedoch im Gegensatz zu jenem Sensor kein Loch, durch das der Messdruck von der Rückseite her auf die Messzelle einwirkt. Vielmehr wird der Silizium-Chip von der Seite mit Druck beaufschlagt, auf der sich die Auswerteelektronik befindet. Deshalb muss diese Seite mit einem speziellen Gel gegen Umwelteinflüsse geschützt sein (Bild 8, Pos. 1). Das Referenzvakuum (5) befindet sich im Hohlraum (Kaverne) zwischen dem Silizium-Chip (6) und dem Glassockel (3). Das gesamte Messelement wird von einem Keramikhybrid (4) getragen, der Lötflächen für die weitere Kontaktierungen im Sensor hat.

Im Gehäuse des Drucksensors kann zusätzlich ein Temperatursensor integriert sein. Der *Temperatursensor* ragt offen in den Luftstrom und reagiert so schnellstmöglich auf Temperaturänderungen (Bild 6, Pos. 4).

Arbeitsweise

Die Arbeitsweise und damit die Signalaufbereitung und -verstärkung sowie die Kennlinie stimmen mit dem Drucksensor mit Kappe und Referenzvakuum auf der Strukturseite überein. Der einzige Unterschied besteht darin, dass die Membran der Messzelle in die entgegengesetzte Richtung verformt wird und dadurch auch die Dehnwiderstände eine entgegengesetzte Verformung erfahren.

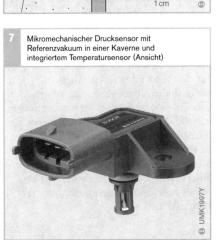

6 Mikromechanischer Drucksensor mit Referenzvakuum in einer Kaverne (Aufbau)

Bild 6
1 Saugrohrwand
2 Gehäuse
3 Dichtring
4 Temperatursensor (NTC)
5 elektrischer Anschluss (Stecker)
6 Gehäusedeckel
7 Messzelle

7 Mikromechanischer Drucksensor mit Referenzvakuum in einer Kaverne und integriertem Temperatursensor (Ansicht)

Bild 8
1 Schutzgel
2 Gelrahmen
3 Glassockel
4 Keramikhybrid
5 Kaverne mit Referenzvakuum
6 Messzelle (Chip) mit Auswerteelektronik
7 Bondverbindung
p Messdruck

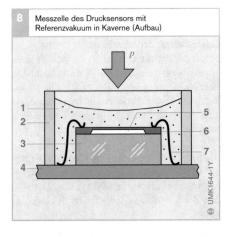

8 Messzelle des Drucksensors mit Referenzvakuum in Kaverne (Aufbau)

Hochdrucksensoren

Anwendung

Hochdrucksensoren werden im Kraftfahrzeug zur Druckmessung von Kraftstoffen und von Bremsflüssigkeit angewandt:

Diesel-Raildrucksensor

Der Diesel-Raildrucksensor misst den Druck im Kraftstoffverteilerrohr (Rail) des Diesel-Speichereinspritzsystems Common Rail. Der maximale Arbeitsdruck (Nenndruck) p_{max} liegt bei 160 MPa (1600 bar). Der Kraftstoffdruck wird in einem Regelkreis geregelt. Er ist unabhängig von Last und Drehzahl annähernd konstant. Eventuelle Abweichungen vom Sollwert werden über ein Druckregelventil ausgeglichen.

Benzin-Raildrucksensor

Der Benzin-Raildrucksensor misst den Druck im Kraftstoffverteilerrohr (Rail) der MED-Motronic mit Benzin-Direkteinspritzung, der abhängig von Last und Drehzahl 5...12 MPa (50...120 bar) beträgt. Der gemessene Druck geht als Istgröße in die Raildruckregelung ein. Der drehzahl- und lastabhängige Sollwert ist in einem Kennfeld gespeichert und wird mit einem Drucksteuerventil im Rail eingestellt.

Bremsflüssigkeits-Drucksensor

Der Hochdrucksensor misst den Bremsflüssigkeitsdruck im Hydroaggregat von Fahrsicherheitssystemen (z. B. ESP), der in der Regel 25 MPa (250 bar) beträgt. Die maximalen Druckwerte p_{max} können bis auf 35 MPa (350 bar) ansteigen. Die Druckmessung und -überwachung wird vom Steuergerät ausgelöst und über Rückmeldungen dort ausgewertet.

Aufbau und Arbeitsweise

Den Kern des Sensors bildet eine Stahlmembran, auf der Dehnwiderstände in Brückenschaltung aufgedampft sind (Bild 1, Pos. 3). Der Messbereich des Sensors hängt von der Dicke der Membran ab (dickere Membran bei höheren Drücken, dünnere Membran bei geringeren Drücken). Sobald der zu messende Druck über den Druckanschluss (4) auf die eine Seite der Membran wirkt, ändern die Dehnwiderstände auf Grund der Membrandurchbiegung (ca. 20 µm bei 1500 bar) ihren Widerstandswert.

Die von der Brücke erzeugte Ausgangsspannung von 0...80 mV wird über Verbindungsleitungen zu einer Auswerteschaltung (2) im Sensor geleitet. Sie verstärkt das Brückensignal auf 0...5 V und leitet es dem Steuergerät zu, das daraus mithilfe einer dort gespeicherten Kennlinie (Bild 2) den Druck berechnet.

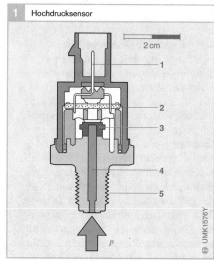

1 Hochdrucksensor

2 cm

1
2
3
4
5

UMK1576Y

p

Bild 1
1 Elektrischer Anschluss (Stecker)
2 Auswerteschaltung
3 Stahlmembran mit Dehnwiderständen
4 Druckanschluss
5 Befestigungsgewinde

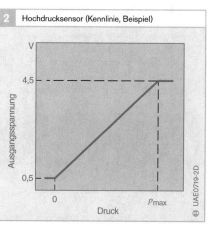

2 Hochdrucksensor (Kennlinie, Beispiel)

V

4,5

0,5

Ausgangsspannung

0   p_{max}

Druck

UAE0719-2D

Induktive Motor- drehzahlsensoren

Anwendung

Motordrehzahlsensoren (Stabsensoren), auch Drehzahlgeber genannt, werden eingesetzt zum
● Messen der Motordrehzahl und
● Ermitteln der Kurbelwellenstellung (Stellung der Motorkolben).

Die Drehzahl wird über den Zeitabstand der Signale des Drehzahlsensors berechnet. Das Signal des Drehzahlsensors ist eine der wichtigsten Größen der elektronischen Motorsteuerung.

Aufbau und Arbeitsweise

Der Sensor ist – durch einen Luftspalt getrennt – direkt gegenüber einem ferromagnetischen Impulsrad montiert (Bild 1, Pos. 7). Er enthält einen Weicheisenkern (Polstift) (4), der von einer Wicklung (5) umgeben ist. Der Polstift ist mit einem Dauermagneten (1) verbunden. Ein Magnetfeld erstreckt sich über den Polstift bis hinein in das Impulsrad. Der magnetische Fluss durch die Spule hängt davon ab, ob dem Sensor eine Lücke oder ein Zahn des Impulsrads gegenübersteht. Ein Zahn bündelt den Streufluss des Magneten. Es kommt zu einer Verstärkung des Nutzflusses durch die Spule. Eine Lücke dagegen schwächt den Magnetfluss. Diese Magnet-

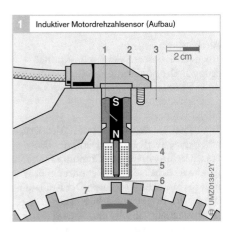

Induktiver Motordrehzahlsensor (Aufbau)

flussänderungen induzieren in der Spule eine zur Änderungsgeschwindigkeit und damit Drehzahl proportionale sinusähnliche Ausgangsspannung (Bild 2). Die Amplitude der Wechselspannung wächst mit steigender Drehzahl stark an (wenige mV … >100 V). Eine ausreichende Amplitude ist ab einer Mindestdrehzahl von ca. 30 Umdrehungen pro Minute vorhanden.

Die Anzahl der Zähne des Impulsrads hängt vom Anwendungsfall ab. Bei magnetventilgesteuerten Motormanagementsystemen kommen Impulsräder mit 60er-Teilung zum Einsatz, wobei zwei Zähne ausgelassen sind (7). Das Impulsrad hat somit 60 – 2 = 58 Zähne. Die besonders große Zahnlücke stellt eine Bezugsmarke dar und ist einer definierten Kurbelwellenstellung zugeordnet. Sie dient zur Synchronisation des Steuergeräts.
Eine andere Impulsradausführung trägt am Umfang pro Zylinder einen Zahn. Bei einem Vierzylinder-Motor z. B. sind dies vier Zähne, d. h. pro Umdrehung ergeben sich vier Impulse.
Zahn- und Polgeometrie müssen aneinander angepasst sein. Die Auswerteschaltung im Steuergerät formt die sinusähnliche Spannung mit stark unterschiedlicher Amplitude in eine Rechteckspannung mit konstanter Amplitude um. Dieses Signal wird im Mikrocontroller des Steuergeräts ausgewertet.

Bild 1
1 Dauermagnet
2 Sensorgehäuse
3 Motorgehäuse
4 Polstift
5 Wicklung
6 Luftspalt
7 Impulsrad mit
   Bezugsmarke

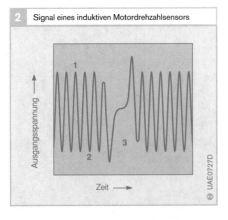

Signal eines induktiven Motordrehzahlsensors

Ausgangsspannung
Zeit →

Bild 2
1 Zahn
2 Zahnlücke
3 Bezugsmarke

Drehzahlsensoren und inkrementale Drehwinkelsensoren

Anwendung

Drehzahl- bzw. inkrementale Drehwinkelsensoren (DWS) sind in magnetventilgesteuerten Diesel-Verteilereinspritzpumpen eingebaut. Ihr Signal dient der
- Messung der aktuellen Drehzahl der Verteilereinspritzpumpe,
- Bestimmung der momentanen Winkelposition Pumpe/Motornockenwelle und
- Messung der momentanen Verstellposition des Spritzverstellers.

Die aktuelle Pumpendrehzahl ist eine der Eingangsgrößen für das Pumpensteuergerät der Verteilereinspritzpumpe. Es ermittelt damit die notwendige Ansteuerdauer des Hochdruckmagnetventils und gegebenenfalls des Spritzverstellermagnetventils.

Die Ansteuerdauer des Hochdruckmagnetventils wird für die Umsetzung der Soll-Einspritzmenge bei den momentan vorliegenden Betriebsbedingungen benötigt. Die momentane Winkelposition legt die Ansteuerzeitpunkte für das Hochdruckmagnetventil fest. Nur bei winkelrichtiger Ansteuerung ist gewährleistet, dass sowohl das Schließen als auch das Öffnen des Hochdruckmagnetventils beim entsprechenden Nockenhub stattfindet. Die genaue Ansteuerung stellt den korrekten Spritzbeginn und die korrekte Einspritzmenge sicher.

Die für die Spritzverstellerregelung benötigte Verstellposition des Spritzverstellers wird durch den Vergleich der Signale des Kurbelwellen-Drehzahlsensors und des Drehwinkelsensors bestimmt.

Aufbau und Arbeitsweise

Der Drehzahl- bzw. Drehwinkelsensor tastet eine Zahnrad-Impulsscheibe mit 120 Zähnen ab, die auf der Antriebswelle der Verteilereinspritzpumpe montiert ist. Sie hat (gleichmäßig auf ihrem Umfang verteilt) Zahnlücken, deren Anzahl der Zylinderzahl des Motors entspricht.

Als Sensor wird ein Doppel-Differenzial-Feldplattensensor eingesetzt.

Feldplatten sind magnetisch steuerbare Halbleiterwiderstände und ähnlich aufgebaut wie Hall-Sensoren. Die vier Widerstände des Doppel-Differenzialsensors sind elektrisch als Wheatstone'sche Brücke geschaltet.

Der Sensor hat einen Dauermagnet, dessen der Zahnrad-Impulsscheibe zugewandte Polfläche durch ein dünnes ferromagnetisches Plättchen homogenisiert wird. Darauf sitzen die vier Feldplattenwiderstände im halben Zahnabstand. Damit befinden sich wechselweise jeweils zwei Feldplattenwiderstände gegenüber Zahnlücken und zwei gegenüber Zähnen. Feldplatten für Kfz-Anwendungen halten Temperaturen bis $\leq 170\,°C$ stand (kurzzeitig $\leq 200\,°C$).

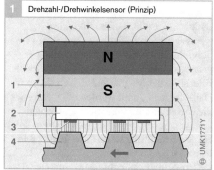

1   Drehzahl-/Drehwinkelsensor (Prinzip)

Bild 1
1 Magnet
2 Homogenisierungsplättchen (Fe)
3 Feldplatte
4 Zahnrad-Impulsscheibe

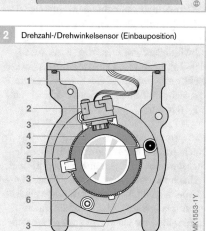

2   Drehzahl-/Drehwinkelsensor (Einbauposition)

Bild 2
1 Flexible Leiterfolie
2 Drehzahl/Drehwinkelsensor
3 Zahnlücke
4 Zahnrad-Impulsscheibe (Geberrad)
5 verdrehbarer Lagerring
6 Antriebswelle

Hall-Phasensensoren

Anwendung

Die Nockenwelle ist gegenüber der Kurbelwelle um 1:2 untersetzt. Ihre Stellung zeigt an, ob sich ein zum oberen Totpunkt bewegender Motorkolben im Verdichtungs- oder im Ausstoßtakt befindet. Der Phasensensor an der Nockenwelle (auch Phasengeber genannt) gibt diese Information an das Steuergerät.

Aufbau und Arbeitsweise

Hall-Stabsensoren

Hall-Stabsensoren (Bild 2 a) nutzen den Hall-Effekt: Mit der Nockenwelle rotiert ein Rotor (Pos. 7, Impulsrad mit Zähnen bzw. Segmenten oder Lochblende) aus ferromagnetischem Material. Der Hall-IC (6) befindet sich zwischen Rotor und einem Dauermagneten (5), der ein Magnetfeld senkrecht zum Hall-Element liefert.

Passiert nun ein Zahn (Z) das Strom durchflossene Sensorelement (Halbleiterplättchen) des Stabsensors, verändert er die Feldstärke des Magnetfelds senkrecht zum Hall-Element. Somit werden die Elektronen, die von einer an das Element angelegten Längsspannung getrieben werden, senkrecht zur Stromrichtung stärker abgelenkt (Bild 1, Winkel α).

Dadurch entsteht ein Spannungssignal (Hall-Spannung), das im Millivolt-Bereich liegt und unabhängig von der Relativgeschwindigkeit zwischen dem Sensor und dem Impulsrad ist. Die integrierte Auswerteelektronik im Hall-IC des Sensors bereitet das Signal auf und gibt es als Rechtecksignal aus (Bild 2 b).

Differenzial-Hall-Stabsensoren

Nach dem Differenzialprinzip arbeitende Stabsensoren verfügen über zwei räumlich radial bzw. axial versetzt angeordnete Hall-Elemente (Bild 3, S1 und S2). Diese liefern ein Ausgangssignal, das dem Flussdichteunterschied zwischen den zwei Messorten proportional ist. Notwendig dafür ist jedoch eine zweispurige Lochblende (Bild 3 a) oder ein Zweispurimpulsrad (Bild 3 b), um in beiden Hall-Elementen ein gegensinniges Signal erzeugen zu können (Bild 4).

Diese Sensoren werden bei hohen Anforderungen an die Genauigkeit eingesetzt. Weitere Vorteile sind ein vergleichsweise großer Luftspaltbereich und eine gute Temperaturkompensation.

---

1 Hall-Sensorelement (Hall-Schranke)

2 Hall-Stabsensor (Aufbau)

3 | Differenzial-Hall-Stabsensoren

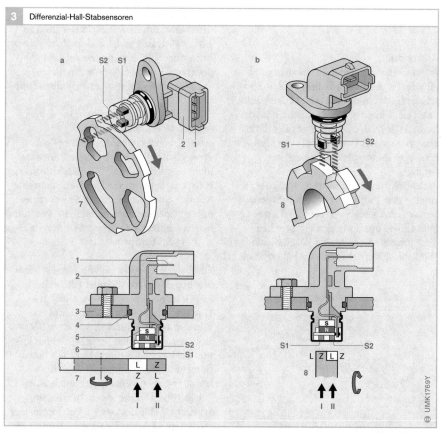

Bild 3

a   Axialer Abgriff
    (Lochblende)
b   Radialer Abgriff
    (Zweispurimpulsrad)

1   Elektrischer An-
    schluss (Stecker)
2   Sensorgehäuse
3   Motorgehäuse
4   Dichtring
5   Dauermagnet
6   Differenzial-Hall-IC
    mit Hall-Elementen
    S1 und S2
7   Lochblende
8   Zweispurimpulsrad
I   Spur 1
II Spur 2

4 | Verlauf des Ausgangssignals U_A eines Differenzial-Hall-Stabsensors

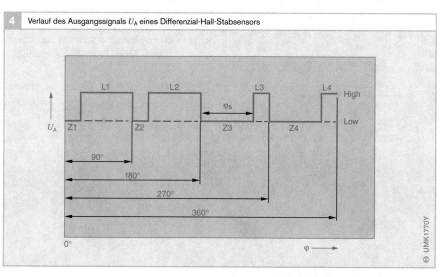

Bild 4

Ausgangssignal Low:
Material (Z) unter S1,
Lücke (L) unter S2;

Ausgangssignal High:
Lücke (L) unter S1,
Material (Z) unter S2

φ_S Signalbreite

Fahrpedalsensoren

Anwendung

Bei der herkömmlichen Motorsteuerung
gibt der Fahrer seinen Wunsch z. B. für Be-
schleunigung, konstante oder verlangsamte
Fahrt ein, indem er mit dem Fahrpedal die
Drosselklappe des Ottomotors oder die Einspritzpumpe des Dieselmotors mechanisch
über einen Seilzug oder ein Gestänge
betätigt.

Bei elektronischen Motorleistungssteue-
rungssystemen übernimmt ein Fahrpedalsensor (auch **Pedalwertgeber, PWG,** genannt) die Funktion der mechanischen
Verbindung. Er erfasst den Weg bzw. die
Winkelposition des Pedals und übermittelt

sie elektrisch an das Motorsteuergerät.
Alternativ zum einzelnen Sensor (Bild 2a)
gibt es auch Fahrpedalmodule (b, c) als ein-
baufertige Einheiten, bestehend aus Fahrpedal und Fahrpedalsensor. Bei diesen
Modulen entfallen Justierarbeiten am Fahrzeug.

Aufbau und Arbeitsweise

Potentiometrischer Fahrpedalsensor
Wesentlicher Bestandteil ist ein Potentiometer, an dem sich in Abhängigkeit von der
Fahrpedalstellung eine Spannung einstellt.
Mithilfe einer gespeicherten Sensorkennlinie rechnet das Steuergerät diese Spannung
in den relativen Pedalweg bzw. die Winkelstellung des Fahrpedals um.

Für Diagnosezwecke und für den Fall einer
Störung ist ein redundanter (doppelter)
Sensor integriert. Er ist Bestandteil des
Überwachungssystems. Eine Sensoraus-
führung arbeitet mit einem zweiten Potenziometer, das in allen Betriebspunkten immer die halbe Spannung des ersten Potentiometers liefert, um für die Fehlerer-
kennung zwei unabhängige Signale zu erhalten (Bild 1). Eine andere Ausführung
arbeitet anstelle des zweiten Potentiometers
mit einem Leergasschalter, der dem Steuergerät die Leerlaufstellung des Fahrpedals
signalisiert. Für Fahrzeuge mit automatischem Getriebe kann ein weiterer Schalter
ein elektrisches Kick-Down-Signal erzeugen.

Bild 1
1   Potentiometer 1
    (Führungspotenzio-
    meter)
2   Potenziometer 2
    (halbe Spannung)

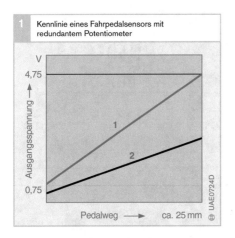

1 Kennlinie eines Fahrpedalsensors mit redundantem Potentiometer

Ausgangsspannung →

4,75

0,75

1

2

Pedalweg →   ca. 25 mm

UAE0724D

Bild 2
a   Einzelner Fahrpedal-
    sensor
b   hängendes Fahr-
    pedalmodul
c   stehendes Fahr-
    pedalmodul FMP1
1   Sensor
2   fahrzeugspezifisches
    Pedal
3   Pedalbock

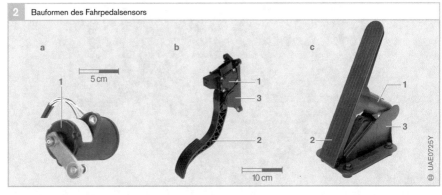

2 Bauformen des Fahrpedalsensors

a

5 cm

1

b

1

3

2

10 cm

c

1

3

2

UAE0725Y

Hall-Winkelsensoren

Der Hall-Winkelsensor vom Typ ARS1 (**A**ngle of **R**otation **S**ensor) ist vom Grundprinzip des „Movable Magnet" abgeleitet. Er hat einen Messbereich von ca. 90° (Bilder 3 und 4).

Der magnetische Fluss eines Rotors (Bild 4, Pos.1), der als eine etwa halbringförmige dauermagnetische Scheibe ausgebildet ist, wird über einen Polschuh (2), zwei weitere Flussleitstücke (3) und die ebenfalls weichmagnetische Achse (6) zum Rotor zurückgeführt. Hierbei wird der Fluss je nach Winkelstellung (φ) mehr oder weniger über die beiden Flussleitstücke geführt, in deren magnetischem Pfad sich auch ein Hall-Sensor (5) befindet. Damit lässt sich eine im Messbereich weitgehend lineare Kennlinie erzielen.

Beim Typ ARS2 kommt eine vereinfachte Anordnung ohne weichmagnetische Flussleitstücke zur Anwendung, bei der der Magnet auf einem Kreisbogen um den Hall-Sensor bewegt wird. Da der dabei entstehende, sinusförmige Kennlinienverlauf nur über einen relativ kurzen Abschnitt eine gute Linearität besitzt, platziert man den Hall-Sensor etwas außerhalb der Mitte des Kreises. Dadurch weicht die Kennlinie von der Sinusform ab und besitzt einen längeren gut linearen Abschnitt von über 180°.

Dieser Sensor lässt sich mechanisch gut in ein Fahr- oder Gaspedalmodul integrieren (Bild 5).

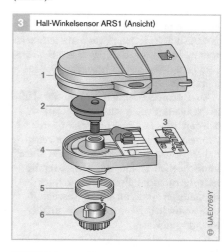

3 Hall-Winkelsensor ARS1 (Ansicht)

Bild 3
1 Gehäusedeckel
2 Rotorscheibe
(dauermagnetisch)
3 Auswertelektronik
mit Hall-Sensor
4 Gehäuseunterteil
5 Rückstellfeder
6 Anlenkelement
(z. B. Zahnrad)

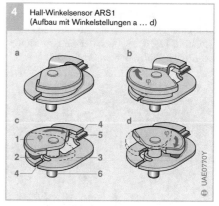

4 Hall-Winkelsensor ARS1
(Aufbau mit Winkelstellungen a … d)

Bild 4
1 Rotorscheibe
(dauermagnetisch)
2 Polschuh
3 Flussleitstück
4 Luftspalt
5 Hall-Sensor
6 Achse
(weichmagnetisch)
φ Drehwinkel

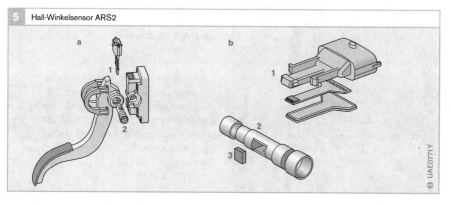

5 Hall-Winkelsensor ARS2

Bild 5
a Einbau in das
Fahrpedalmodul
b Bauelemente
1 Hall-Sensor
2 Pedalachse
3 Magnet

Heißfilm-Luftmassenmesser HFM5

Anwendung

Eine optimale Verbrennung im Rahmen der gesetzlich festgelegten Abgasgrenzwerte setzt voraus, dass die dazu im jeweiligen Betriebszustand notwendige Luftmasse präzise zugeführt wird.

Zu diesem Zweck misst der Heißfilm-Luftmassenmesser einen Teilstrom des tatsächlich durch das Luftfilter bzw. das Messrohr strömenden Luftmassenstroms sehr genau. Er berücksichtigt auch die durch das Öffnen und Schließen der Ein- und Auslassventile hervorgerufenen Pulsationen und Rückströmungen. Änderungen der Ansauglufttemperatur haben keinen Einfluss auf die Messgenauigkeit.

Aufbau

Der Heißfilm-Luftmassenmesser HFM5 ragt mit seinem Gehäuse (Bild 1, Pos. 5) in ein Messrohr (2), das je nach der für den Motor benötigten Luftmasse unterschiedliche

Durchmesser haben kann (für 370 … 970 kg/h). Das Messrohr ist nach dem Luftfilter im Ansaugtrakt eingebaut. Es gibt auch Stecksensoren, die im Luftfilter montiert sind.

Wesentliche Bestandteile des Sensors sind eine vom Messteilstrom der Luft im Einlass (8) angeströmte Messzelle (4) sowie eine integrierte Auswerteelektronik (3).

Die Elemente der Messzelle sind auf ein Halbleitersubstrat aufgedampft, die Elemente der Auswerteelektronik (Hybridschaltung) auf ein Keramiksubstrat aufgelötet. Dadurch ist eine sehr kleine Bauweise möglich. Die Auswerteelektronik ist wiederum über elektrische Anschlüsse (1) mit dem Steuergerät verbunden. Der Teilstrom-Messkanal (6) ist so geformt, dass die Luft ohne Verwirbelung an der Sensormesszelle vorbei und über den Auslass (7) in das Messrohr zurückfließen kann. Dadurch verbessert sich das Sensorverhalten bei stark pulsierenden Strömungen, und neben den Vorwärtsströmungen werden auch Rückströmungen erkannt (Bild 2).

Arbeitsweise

Der Heißfilm-Luftmassenmesser ist ein „thermischer Sensor". Er arbeitet nach folgendem Prinzip:

Auf der Sensormesszelle (Bild 3, Pos. 3) beheizt ein zentral angeordneter Heizwiderstand eine mikromechanische Sensormembran (5) und hält sie auf einer konstanten Temperatur. Außerhalb dieser geregelten Heizzone (4) fällt die Temperatur auf beiden Seiten ab.

Zwei symmetrisch zum Heizwiderstand stromauf- und stromabwärts auf der Membran aufgebrachte temperaturabhängige Widerstände (Messpunkte M_1, M_2), erfassen die Temperaturverteilung auf der Membran. Ohne Luftanströmung ist das Temperaturprofil (1) auf beiden Seiten gleich ($T_1 = T_2$).

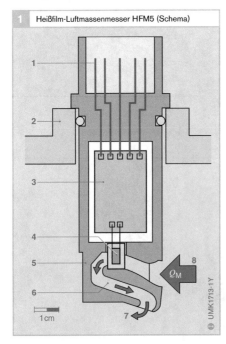

1 Heißfilm-Luftmassenmesser HFM5 (Schema)

Q_M

1 cm

UMK1713-1Y

Bild 1
1 Elektrische Anschlüsse (Stecker)
2 Messrohr- oder Luftfiltergehäusewand
3 Auswerteelektronik (Hybridschaltung)
4 Sensormesszelle
5 Sensorgehäuse
6 Teilstrom-Messkanal
7 Auslass Messteilstrom Q_M
8 Einlass Messteilstrom Q_M

Strömt Luft über die Sensormesszelle, verschiebt sich das gleichmäßige Temperaturprofil auf der Membran (2). Auf der Ansaugseite ist der Temperaturverlauf steiler, da die vorbeiströmende Luft diesen Bereich abkühlt. Auf der gegenüberliegenden, dem Motor zugewandten Seite kühlt die Sensormesszelle zunächst ab. Die vom Heizelement erhitzte Luft erwärmt dann aber im weiteren Verlauf die Sensormesszelle. Die Änderung der Temperaturverteilung führt zu einer Temperaturdifferenz (ΔT) zwischen den Messpunkten M_1 und M_2.

Die an die Luft abgegebene Wärme und damit der Temperaturverlauf an der Sensormesszelle hängt von der vorbeiströmenden Luftmasse ab. Die Temperaturdifferenz ist (unabhängig von der absoluten Temperatur der vorbeiströmenden Luft) ein Maß für die Masse des Luftstroms; sie ist zudem richtungsabhängig, sodass der Luftmassenmesser sowohl den Betrag als auch die Richtung eines Luftmassenstromes erfassen kann.

Auf Grund der sehr dünnen mikromechanischen Membran reagiert der Sensor sehr schnell auf Veränderungen ($< 15\,\text{ms}$). Dies ist besonders bei stark pulsierenden Luftströmungen wichtig.

Die Widerstandsdifferenz an den Messpunkten M_1 und M_2 wandelt die im Sensor integrierte Auswerteelektronik in ein für das Steuergerät angepasstes analoges Spannungssignal zwischen 0 ... 5 V um. Mithilfe der im Steuergerät gespeicherten Sensorkennlinie (Bild 2) wird die gemessene Spannung in einen Wert für den Luftmassenstrom umgerechnet [kg/h].

Die Kennliniencharakteristik ist so gestaltet, dass die integrierte Diagnose im Steuergerät Störungen wie z. B. eine Leitungsunterbrechung erkennen kann. Im Heißfilm-Luftmassenmesser HFM5 kann ein zusätzlicher Temperatursensor für die Auswertung integriert sein.

Für die Bestimmung der Luftmasse ist er nicht erforderlich. Für bestimmte Fahrzeugapplikationen gibt es zusätzliche Vorkehrungen für eine bessere Wasser- und Schmutzabscheidung (Innenrohr, Schutzgitter).

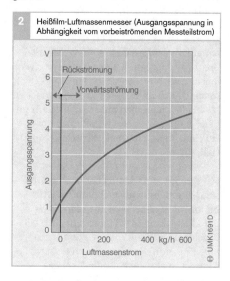

2 Heißfilm-Luftmassenmesser (Ausgangsspannung in Abhängigkeit vom vorbeiströmenden Messteilstrom)

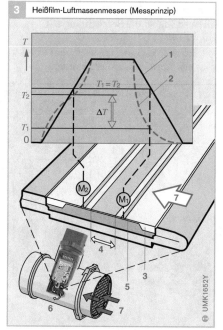

3 Heißfilm-Luftmassenmesser (Messprinzip)

Bild 3
1 Temperaturprofil ohne Anströmung
2 Temperaturprofil mit Anströmung
3 Sensormesszelle
4 Heizzone
5 Sensormembran
6 Messrohr mit Luftmassenmesser
7 Ansaugluftstrom
M_1, M_2 Messpunkte
T_1, T_2 Temperaturwerte an den Messpunkten M_1 und M_2
ΔT Temperaturdifferenz

Planare Breitband-Lambda-Sonde LSU4

Anwendung

Mit der Breitband-Lambda-Sonde kann die Sauerstoffkonzentration im Abgas in einem großen Bereich bestimmt und damit auf das Luft-Kraftstoff-Verhältnis im Brennraum geschlossen werden. Die Luftzahl λ beschreibt dieses Luft-Kraftstoff-Verhältnis. Breitband-Lambda-Sonden können nicht nur im „stöchiometrischen" Punkt bei $\lambda = 1$, sondern auch im mageren ($\lambda > 1$) und fetten ($\lambda < 1$) Bereich genau messen. Sie liefern im Bereich $0,7 < \lambda < \infty$ (∞ = Luft mit 21 % O_2) ein eindeutiges, stetiges elektrisches Signal (Bild 2).

Mit diesen Eigenschaften kommt die Breitband-Lambda-Sonde nicht nur bei Ottomotor-Managementsystemen mit Zweipunkt-Regelung ($\lambda = 1$), sondern auch bei Regelkonzepten mit mageren und fetten Luft-Kraftstoff-Gemischen zum Einsatz. Sie eignen sich also auch für die Lambda-Regelung von Ottomotor-Magerkonzepten, Dieselmotoren, Gasmotoren und Gasheizthermen (daher die Bezeichnung LSU: Lambda-Sonde-Universal).

Die Sonde ragt in das Abgasrohr und erfasst den Abgasstrom aller Zylinder.

Für eine genauere Regelung werden bei einigen Systemen auch mehrere Sonden eingesetzt, zum Beispiel in den einzelnen Abgassträngen von V-Motoren.

Aufbau

Die Breitband-Lambda-Sonde LSU4 (Bild 3) ist eine planare Zweizellen-Grenzstromsonde. Ihre Messzelle (Bild 1) besteht aus einer Zirkondioxyd-Keramik (ZrO_2). Sie ist die Kombination einer Nernst-Konzentrationszelle (Sensorzelle, Funktion wie bei einer Zweipunkt-Lambda-Sonde) und einer Sauerstoff-Pumpzelle, die Sauerstoffionen transportiert.

Die Sauerstoff-Pumpzelle (Bild 1, Pos. 8) ist zu der Nernst-Konzentrationszelle (7) so angeordnet, dass zwischen beiden ein Diffusionsspalt (6) von etwa 10...50 µm entsteht. Der Diffusionsspalt steht mit dem Abgas durch ein Gaszutrittsloch (10) in Verbindung; die poröse Diffusionsbarriere (11) begrenzt dabei das Nachfließen der Sauerstoffmoleküle aus dem Abgas.

Die Nernst-Konzentrationszelle ist auf der einen Seite durch einen Referenzluftkanal (5) über eine Öffnung mit der umgebenden Atmosphäre verbunden; auf der anderen Seite ist sie dem Abgas im Diffusionsspalt ausgesetzt.

Bild 1
1   Abgas
2   Abgasrohr
3   Heizer
4   Regelelektronik
5   Referenzzelle mit Referenzluftkanal
6   Diffusionsspalt
7   Nernst-Konzentrationszelle
8   Sauerstoff-Pumpzelle mit innerer und äußerer Pumpelektrode
9   poröse Schutzschicht
10   Gaszutrittsloch
11   poröse Diffusionsbarriere

I_P Pumpstrom
U_P Pumpspannung
U_H Heizspannung
U_{Ref} Referenzspannung
    (450 mV, entspricht $\lambda = 1$)
U_S Sondenspannung

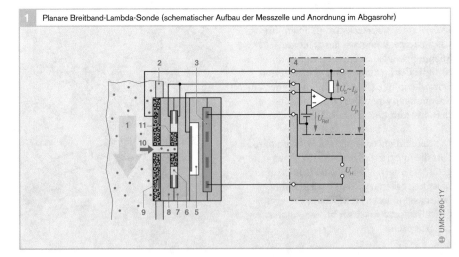

1   Planare Breitband-Lambda-Sonde (schematischer Aufbau der Messzelle und Anordnung im Abgasrohr)

UMK1260-1Y

Die Sonde liefert erst bei einer Betriebstemperatur von mindestens 600...800 °C ein
brauchbares Signal. Damit diese Betriebstemperatur schnell erreicht wird, ist die
Sonde mit einem integrierten Heizer (3) ver-
sehen.

Arbeitsweise

Das Abgas gelangt durch das kleine Gaszutrittsloch der Pumpzelle in den eigent-
lichen Messraum (Diffusionsspalt) der
Nernst-Konzentrationszelle. Damit die Luftzahl λ im Diffusionsspalt eingestellt werden
kann, vergleicht die Nernst-Konzentrationszelle das Gas im Diffusionsspalt mit der
Umgebungsluft im Referenzluftkanal.

Der gesamte Vorgang läuft auf folgende
Weise ab:

Durch Anlegen einer Pumpspannung U_P
an den Platinelektroden der Pumpzelle kann
Sauerstoff aus dem Abgas im Diffusionsspalt
hinein- oder herausgepumpt werden. Eine
elektronische Schaltung im Steuergerät
regelt diese an der Pumpzelle anliegende
Spannung U_P mithilfe der Nernst-Konzentrationszelle so, dass die Zusammensetzung
des Gases im Diffusionsspalt konstant bei
$\lambda = 1$ liegt. Bei magerem Abgas pumpt die
Pumpzelle den Sauerstoff nach außen
(positiver Pumpstrom). Bei fettem Abgas

wird dagegen der Sauerstoff (durch katalytische Zersetzung von CO_2 und H_2O an der
Abgaselektrode) aus dem Abgas der Um-
gebung in den Diffusionsspalt gepumpt
(negativer Pumpstrom). Bei $\lambda = 1$ muss kein
Sauerstoff transportiert werden. Der Pumpstrom ist Null. Der Pumpstrom ist proportional der Sauerstoffkonzentration im Abgas
und so ein (nicht lineares) Maß für die
Luftzahl λ (Bild 2).

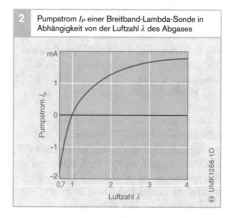

2 Pumpstrom I_P einer Breitband-Lambda-Sonde in Abhängigkeit von der Luftzahl λ des Abgases

UMK1266-1D

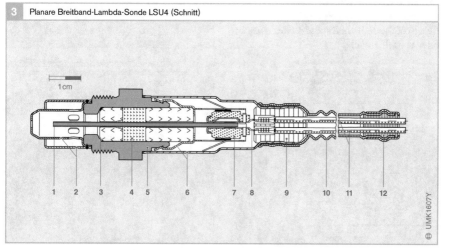

3 Planare Breitband-Lambda-Sonde LSU4 (Schnitt)

1 cm

1 2 3 4 5 6 7 8 9 10 11 12

UMK1607Y

Bild 3

1 Messzelle (Kombi-
nation aus Nernst-
Konzentrationszelle
und Sauerstoff-
Pumpzelle)

2 Doppelschutzrohr

3 Dichtring

4 Dichtpaket

5 Sondengehäuse

6 Schutzhülse

7 Kontakthalter

8 Kontaktclip

9 PTFE-Tülle (Teflon)

10 PTFE-Formschlauch

11 fünf Anschluss-
leitungen

12 Dichtung

Halb-Differenzial-Kurzschlussringsensoren

Anwendung

Halb-Differenzial-Kurzschlussringsensoren sind Positionssensoren für Weg oder Winkel. Diese auch **Halb-Differenzial-Kurzschlussringgeber (HDK)** genannten Sensoren sind verschleißfrei, sehr genau und robust. Sie werden eingesetzt als:

- **Regelweggeber (RWG)** zur Erfassung der Regelstangenposition von Diesel-Reiheneinspritzpumpen und
- **Winkelsensor** im Mengenstellwerk von Diesel-Verteilereinspritzpumpen.

Aufbau und Arbeitsweise

Die Sensoren (Bilder 1 und 2) bestehen aus einem geblechten Weicheisenkern. An je einem Schenkel des Weicheisenkerns sind eine Messspule und eine Referenzspule befestigt.

Durchfließt ein vom Steuergerät ausgehender elektrischer Wechselstrom die Spulen, entstehen magnetische Wechselfelder. Die Kurzschlussringe aus Kupfer, die den jeweiligen Schenkel des Weicheisenkerns umschließen, schirmen diese magnetischen Wechselfelder ab. Der Referenzkurzschlussring steht fest, während der Messkurzschlussring an der Regelstange oder an der Regelschieberwelle befestigt ist (Regelweg s oder Verstellwinkel φ).

Mit dem Verschieben des Messkurzschlussrings verändert sich der Magnetfluss und damit die Spannung an der Spule, da das Steuergerät den Strom konstant hält (eingeprägter Strom).

Eine Auswerteschaltung bildet das Verhältnis von Ausgangsspannung U_A zur Referenzspannung U_{Ref} (Bild 3). Es ist proportional zur Auslenkung des Messkurzschlussrings und kann vom Steuergerät ausgewertet werden. Die Steigung dieser Kennlinie lässt sich durch Verbiegen des Referenzkurzschlussrings und der Nullpunkt durch die Grundstellung des Messkurzschlussrings einjustieren.

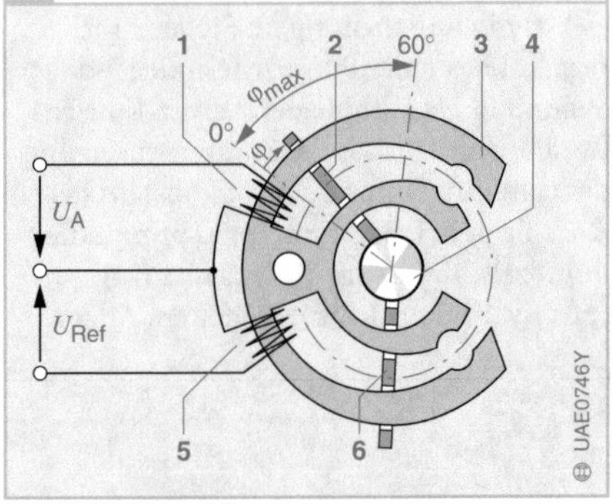

Bild 1
1 Messspule
2 Messkurzschlussring
3 Weicheisenkern
4 Regelschieberwelle
5 Referenzspule
6 Referenzkurzschlussring
φ_{max} Verstellwinkelbereich der Regelschieberwelle
φ Messwinkel

Bild 2
1 Weicheisenkern
2 Referenzspule
3 Referenzkurzschlussring
4 Regelstange
5 Messspule
6 Messkurzschlussring
s Regelweg der Regelstange

Bild 3
U_A Ausgangsspannung
U_{Ref} Referenzspannung

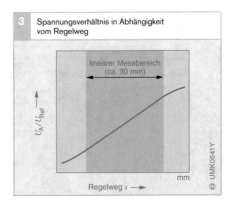

1 Aufbau des Halb-Differenzial-Kurzschlussringgebers (HDK) für Diesel-Verteilereinspritzpumpen

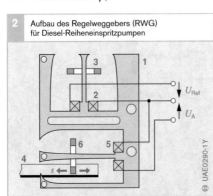

2 Aufbau des Regelweggebers (RWG) für Diesel-Reiheneinspritzpumpen

3 Spannungsverhältnis in Abhängigkeit vom Regelweg

Tankfüllstandsensor

Anwendung

Der Tankfüllstandsensor hat die Aufgabe,
den aktuellen Füllstand des Kraftstoffs im
Kraftstoffbehälter zu erfassen und ein ent-
sprechendes Signal an das Steuergerät bzw.
das Anzeigegerät im Instrumentenfeld des
Fahrzeugs zu geben. Er ist neben der Elektrokraftstoffpumpe, dem Kraftstofffilter usw.
ein Bestandteil von Tankeinbaueinheiten,
die in Kraftstoffbehältern für Otto- oder
Dieselkraftstoffe eingebaut sind und die
störungsfreie Kraftstoffversorgung des
Motors sicherstellen (Bild 1).

Aufbau

Der Füllstandsensor (Bild 2) besteht aus
einem kraftstoffdicht gekapselten, als variabler Widerstand geschalteten Potenziometer
mit Schleiferarm (Schleiferfeder), Leiterbahnen (Doppelkontakt), Widerstandsplatine und elektrischen Anschlüssen. Mit
der drehbaren Welle des Potenziometers
(Lagerstift) und damit auch mit der Schleiferfeder fest verbunden ist der Schwimmerhebel, an dessen Ende der Schwimmer aus
kraftstoffbeständigem Nitrophyl sitzt (je
nach Anwendung drehbar oder drehfixiert).
Das Layout der Widerstandsplatine und die
Form von Schwimmerhebel und Schwimmer sind der jeweiligen Gestalt des Kraft-
stoffbehälters angepasst.

Arbeitsweise

Die über den Lagerstift mit dem Schwimmerhebel fest verbundene Schleiferfeder des
Potenziometers fährt bei sich änderndem
Kraftstofffüllstand mit seinen Spezialschlei-
fern (Kontaktniete) auf den Widerstands-
bahnen des Doppelpotenziometers entlang.
Dabei setzt er den Drehwinkel des Schwim-
mers in ein dazu proportionales Spannungsverhältnis um. Endanschläge begrenzen den
Drehbereich von 100° für minimalen und
maximalen Füllstand und verhindern
gleichzeitig Klappergeräusche.
   Die Betriebsspannung beträgt 5...13 V.

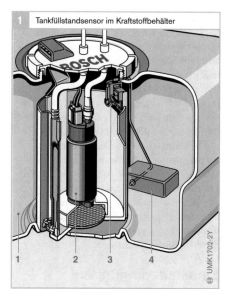

1 Tankfüllstandsensor im Kraftstoffbehälter

1   2   3   4

Bild 1
1   Kraftstoffbehälter
2   Elektrokraftstoff-
    pumpe
3   Tankfüllstandsensor
4   Schwimmer

2 Tankfüllstandsensor (Aufbau)

1
2
3
4
5
6
7
9   8

Bild 2
1   Elektrische
    Anschlüsse
2   Schleiferfeder
3   Kontaktniet
4   Widerstandsplatine
5   Lagerstift
6   Doppelkontakt
7   Schwimmerhebel
8   Schwimmer
9   Boden des Kraft-
    stoffbehälters

Steuergerät

Mit der Digitaltechnik ergeben sich vielfältige Möglichkeiten zur Steuerung und Regelung elektronischer Systeme im Kraftfahrzeug. Viele Einflussgrößen können gleichzeitig mit einbezogen werden, sodass sich die Systeme bestmöglich betreiben lassen. Das Steuergerät empfängt die elektrischen Signale der Sensoren, wertet sie aus und berechnet die Ansteuersignale für die Stellglieder (Aktoren). Das Steuerungsprogramm – die „Software" – ist in einem Speicher abgelegt. Die Ausführung des Programms übernimmt ein Mikrocontroller. Die Bauteile des Steuergeräts werden „Hardware" genannt. Das EDC-Steuergerät umfasst alle Steuer- und Regelalgorithmen für das Motormanagement.

Einsatzbedingungen

An das Steuergerät werden hohe Anforderungen gestellt. Es ist hohen Belastungen ausgesetzt durch
● extreme Umgebungstemperaturen (im normalen Fahrbetrieb von −40 °C bis +60 … +125 °C),
● starke Temperaturwechsel,
● Betriebsstoffe (Öl, Kraftstoff usw.),
● umgebende Feuchte und
● mechanische Beanspruchungen wie z. B. Vibrationen durch den Motor.

Das Steuergerät muss beim Start mit schwacher Batterie (z. B. Kaltstart) und bei hoher Ladespannung sicher arbeiten (Bordnetzschwankungen).

Weitere Anforderungen ergeben sich aus der EMV (Elektromagnetische Verträglichkeit). Die Forderungen an die elektromagnetische Störunempfindlichkeit und an die Begrenzung der Abstrahlung hochfrequenter Störsignale sind sehr hoch.

Aufbau

Die Leiterplatte mit den elektronischen Bauteilen (Bild 1) befindet sich in einem Metallgehäuse. Die Sensoren, die Stellglieder und die Stromversorgung sind über eine vielpolige Steckverbindung an das Steuergerät angeschlossen (4). Die Hochleistungsendstufen (6) zur direkten Ansteuerung der Stellglieder sind so im Gehäuse des Steuergeräts integriert, dass eine sehr gute Wärmeableitung zum Gehäuse gewährleistet ist.

Bei Motoranbau des Steuergeräts kann die Wärme vom Gehäuse über eine integrierte Kühlplatte an den Kraftstoff abgegeben werden, der das Steuergerät umspült. Dieser Steuergerätekühler wird nur bei Nkw eingesetzt. Für den Anbau direkt am Motor gibt es auch kompakte, thermisch höher beanspruchbare Steuergeräteausführungen in Hybridtechnik.

Die meisten elektronischen Bauteile sind in SMD-Technik ausgeführt (Surface Mounted Devices, d. h. oberflächenmontierte Bauteile). Dies ermöglicht eine besonders platz- und gewichtsparende Bauweise. Nur einige Leistungsbauteile und die Stecker sind in Durchsteckmontagetechnik ausgeführt.

Datenverarbeitung

Eingangssignale

Sensoren bilden neben den Stellgliedern (Aktoren) als Peripherie die Schnittstelle zwischen dem Fahrzeug und dem Steuergerät als Verarbeitungseinheit. Die elektrischen Signale der Sensoren werden dem Steuergerät über Kabelbaum und den Anschlussstecker zugeführt. Diese Signale können unterschiedliche Formen haben:

Analoge Eingangssignale
Analoge Eingangssignale können jeden beliebigen Spannungswert innerhalb eines bestimmten Bereichs annehmen. Beispiele für physikalische Größen, die als analoge Messwerte bereitstehen, sind die angesaugte Luftmasse, die Batteriespannung, der Saug-

rohr- und Ladedruck sowie die Kühlwasser- und Ansauglufttemperatur. Sie werden von einem Analog/Digital-Wandler (**A**nalog/**D**igital-Converter, ADC) im Mikrocontroller des Steuergeräts in digitale Werte umgeformt, mit denen die zentrale Recheneinheit des Mikrocontrollers rechnen kann. Die maximale Auflösung dieser Analogsignale beträgt 5 mV. Damit ergeben sich für den gesamten Messbereich von 0...5 V ca. 1000 Stufen).

Digitale Eingangssignale

Digitale Eingangssignale besitzen nur zwei Zustände: „High" (logisch 1) und „Low" (logisch 0). Beispiele für digitale Eingangssignale sind Schaltsignale (Ein/Aus) oder digitale Sensorsignale wie Drehzahlimpulse eines Hall- oder Feldplattensensors. Sie können vom Mikrocontroller direkt verarbeitet werden.

Pulsförmige Eingangssignale

Pulsförmige Eingangssignale von induktiven Sensoren mit Informationen über Drehzahl und Bezugsmarke werden in einem eigenen Schaltungsteil im Steuergerät aufbereitet. Dabei werden Störimpulse unterdrückt und die pulsförmigen Signale in digitale Rechtecksignale umgewandelt.

Signalaufbereitung

Die Eingangssignale werden mit Schutzbeschaltungen auf zulässige Spannungspegel begrenzt. Das Nutzsignal wird durch Filterung weitgehend von überlagerten Störsignalen befreit und gegebenenfalls durch Verstärkung an die zulässige Eingangsspannung des Mikrocontrollers angepasst (0...5 V).

Je nach Integrationsstufe des Sensors kann die Signalaufbereitung teilweise oder auch ganz bereits im Sensor stattfinden.

Signalverarbeitung

Das Steuergerät ist die Schaltzentrale für die Funktionsabläufe der Motorsteuerung. Im Mikrocontroller laufen die Steuer- und Regelalgorithmen ab. Die von den Sensoren und den Schnittstellen zu anderen Systemen (z. B. CAN-Bus) bereitgestellten Eingangssignale dienen als Eingangsgrößen. Sie werden im Rechner nochmals plausibilisiert. Mithilfe des Steuergeräteprogramms werden die Ausgangssignale zur Ansteuerung der Aktoren berechnet.

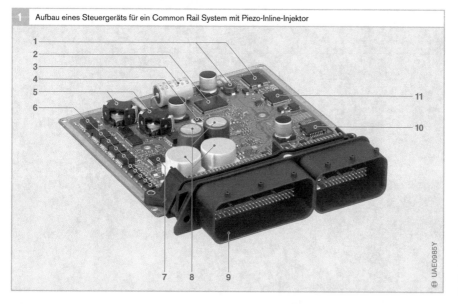

1 Aufbau eines Steuergeräts für ein Common Rail System mit Piezo-Inline-Injektor

1
2
3
4
5
6

11
10

7 8 9

UAE0985Y

Bild 1

1 Hochspannungsspeicher (Hochspannungsladungsträger)

2 ASIC für Endstufenansteuerung

3 Hochleistungsendstufen

4 Hochspannungsnetzteil

5 Batteriepufferkondensator (für Hochspannungserzeugung)

6 Atmosphärendrucksensor

7 Flash-EPROM

8 Schaltnetzteil mit Spannungsstabilisierung

9 Mehrfach-Schaltendstufe

10 Brückenendstufe

Weitere Bauelemente (z. B. der Mikrocontroller) sind auf der Unterseite montiert.

Mikrocontroller

Der Mikrocontroller ist das zentrale Bauelement eines Steuergeräts (Bild 2). Er steuert dessen Funktionsablauf. Im Mikrocontroller sind außer der CPU (Central Processing Unit, d. h. zentrale Recheneinheit) noch Eingangs- und Ausgangskanäle, Timereinheiten, RAM, ROM, serielle Schnittstellen und weitere periphere Baugruppen auf einem Mikrochip integriert. Ein Quarz taktet den Mikrocontroller.

Programm- und Datenspeicher

Der Mikrocontroller benötigt für die Berechnungen ein Programm – die „Software". Sie ist in Form von binären Zahlenwerten, die in Datensätze gegliedert sind, in einem Programmspeicher abgelegt. Die CPU liest diese Werte aus, interpretiert sie als Befehle und führt diese Befehle der Reihe nach aus.

Das Programm ist in einem Festwertspeicher (ROM, EPROM oder Flash-EPROM) abgelegt. Zusätzlich sind variantenspezifische Daten (Einzeldaten, Kennlinien und Kennfelder) in diesem Speicher vorhanden.

Hierbei handelt es sich um unveränderliche Daten, die im Fahrzeugbetrieb nicht verändert werden können. Sie beeinflussen die Steuer- und Regelabläufe des Programms.

Der Programmspeicher kann im Mikrocontroller integriert und je nach Anwendung noch zusätzlich mit einem separaten Bauteil erweitert sein (z. B. durch ein externes EPROM oder Flash-EPROM).

ROM

Programmspeicher können als ROM (Read Only Memory) ausgeführt sein. Das ist ein Lesespeicher, dessen Inhalt bei der Herstellung festgelegt wird und danach nicht wieder geändert werden kann. Die Speicherkapazität des im Mikrocontroller integrierten ROM ist begrenzt. Für komplexe Anwendungen ist ein zusätzlicher Speicher erforderlich.

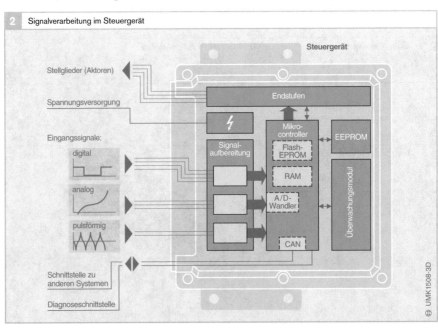

2   Signalverarbeitung im Steuergerät

© UMK1508-3D

EPROM

Das EPROM (Erasable Programmable ROM, d. h. lösch- und programmierbares ROM) kann durch Bestrahlen mit UV-Licht gelöscht und mit einem Programmiergerät wieder neu beschrieben werden.

Das EPROM ist meist als separates Bauteil ausgeführt. Die CPU spricht das EPROM über den Adress-/Datenbus an.

Flash-EPROM (FEPROM)

Das Flash-EPROM ist auf elektrischem Wege löschbar. Somit kann ein Steuergerät in der Kundendienst-Werkstatt umprogrammiert werden, ohne es öffnen zu müssen. Das Steuergerät ist dabei über eine serielle Schnittstelle mit der Umprogrammierstation verbunden.

Enthält der Mikrocontroller zusätzlich ein ROM, so sind dort die Programmierroutinen für die Flash-Programmierung abgelegt. Flash-EPROM können auch zusammen mit dem Mikrocontroller auf einem Mikrochip integriert sein (ab EDC16).

Das Flash-EPROM hat aufgrund seiner Vorteile das herkömmliche EPROM weitgehend verdrängt.

Variablen- oder Arbeitsspeicher

Ein solcher Schreib-/Lesespeicher ist notwendig, um veränderliche Daten (Variablen), wie z. B. Rechenwerte und Signalwerte, zu speichern.

RAM

Die Ablage aller aktuellen Werte erfolgt im RAM (Random Access Memory, d. h. Schreib-/Lesespeicher). Für komplexe Anwendungen reicht die Speicherkapazität des im Mikrocontroller integrierten RAM nicht aus, sodass ein zusätzlicher RAM-Baustein erforderlich ist. Er ist über den Adress-/Datenbus an den Mikrocontroller angeschlossen.

Beim Ausschalten des Steuergeräts über das Zündschloss verliert das RAM den gesamten Datenbestand (flüchtiger Speicher).

EEPROM (auch E^{2}PROM genannt)

Das RAM verliert seine Information, wenn es von der Spannungsversorgung getrennt wird (z. B. bei ausgeschalteter Zündung). Daten, die nicht verloren gehen dürfen (z. B. Codes für die Wegfahrsperre und Daten des Fehlerspeichers), müssen dauerhaft in einem nicht flüchtigen Dauerspeicher abgelegt werden. Das EEPROM ist ein elektrisch löschbares EPROM, bei dem im Gegensatz zum Flash-EPROM jede Speicherzelle einzeln gelöscht werden kann. Es ist auch für eine höhere Anzahl an Schreibzyklen entworfen. Somit ist das EEPROM als nichtflüchtiger Schreib-/Lesespeicher einsetzbar.

ASIC

Wegen der immer größer werdenden Komplexität der Steuergerätefunktionen reichen die am Markt erhältlichen Standard-Mikrocontroller nicht aus. Abhilfe schaffen hier ASIC-Bausteine (Application Specific Integrated Circuit, d. h. anwendungsbezogene integrierte Schaltung). Diese ICs (Integrated Circuit) werden nach den Vorgaben der Steuergeräteentwicklung entworfen und gefertigt. Sie enthalten beispielsweise ein zusätzliches RAM, Eingangs- und Ausgangskanäle und sie können PWM-Signale erzeugen und ausgeben (siehe Abschnitt „PWM-Signale").

Überwachungsmodul

Das Steuergerät verfügt über ein Überwachungsmodul. Der Mikrocontroller und das Überwachungsmodul überwachen sich gegenseitig durch ein „Frage-und-Antwort-Spiel". Wird ein Fehler erkannt, so können beide unabhängig voneinander entsprechende Ersatzfunktionen einleiten.

Ausgangssignale

Der Mikrocontroller steuert mit den Ausgangssignalen Endstufen an, die üblicherweise genügend Leistung für den direkten Anschluss der Stellglieder (Aktoren) liefern. Es ist auch möglich, dass für besonders große Stromverbraucher (z. B. Motorlüfter) bestimmte Endstufen Relais ansteuern.

Die Endstufen sind gegenüber Kurzschlüssen gegen Masse oder der Batteriespannung sowie gegen Zerstörung infolge elektrischer oder thermischer Überlastung geschützt. Diese Störungen sowie aufgetrennte Leitungen werden durch den Endstufen-IC als Fehler erkannt und dem Mikrocontroller gemeldet.

Schaltsignale

Mit den Schaltsignalen können Stellglieder ein- und ausgeschaltet werden (z. B. Motorlüfter).

PWM-Signale

Digitale Ausgangssignale können als PWM-Signale ausgegeben werden. Diese „Puls-Weiten-Modulierten" Signale sind Rechtecksignale mit konstanter Frequenz und variabler Einschaltzeit (Bild 3). Mit diesen Signalen können verschiedene Stellglieder (Aktoren) in beliebige Arbeitsstellungen gebracht werden (z. B. Abgasrückführventil, Lüfter, Heizelemente, Ladedrucksteller).

Kommunikation innerhalb des Steuergeräts

Die peripheren Bauelemente, die den Mikrocontroller in seiner Arbeit unterstützen, müssen mit diesem kommunizieren können. Dies geschieht über den Adress-/Datenbus. Der Mikrocontroller gibt über den Adressbus z. B. die RAM-Adresse aus, deren Speicherinhalt gelesen werden soll. Über den Datenbus werden dann die der Adresse zugehörigen Daten übertragen. Frühere Entwicklungen im Kfz-Bereich kamen mit einer 8-Bit-Busstruktur aus. Das heißt, der Datenbus besteht aus acht Leitungen, über den 256 Werte übertragen werden können. Mit dem bei diesen Systemen üblichen 16-Bit-Adressbus können 65 536 Adressen angesprochen werden. Komplexe Systeme erfordern gegenwärtig 16 oder sogar 32 Bit für den Datenbus. Um an den Bauteilen Pins einzusparen, können Daten- und Adressbus in einem Multiplexsystem zusammengefasst werden. Das heißt, Adresse und Daten werden zeitlich versetzt übertragen und nutzen gleiche Leitungen.

Für Daten, die nicht so schnell übertragen werden müssen (z. B. Fehlerspeicherdaten), werden serielle Schnittstellen mit nur einer Datenleitung eingesetzt.

EOL-Programmierung

Die Vielzahl von Fahrzeugvarianten, die unterschiedliche Steuerungsprogramme und Datensätze verlangen, erfordert ein Verfahren zur Reduzierung der vom Fahrzeughersteller benötigten Steuergerätetypen. Hierzu kann der komplette Speicherbereich des Flash-EPROMs mit dem Programm und dem variantenspezifischen Datensatz am Ende der Fahrzeugproduktion programmiert werden (EOL, End-Of-Line-Programmierung). Eine weitere Möglichkeit zur Reduzierung der Variantenvielfalt ist, im Speicher mehrere Datenvarianten (z. B. Getriebevarianten) abzulegen, die dann durch Codierung am Bandende ausgewählt werden. Diese Codierung wird im EEPROM abgelegt.

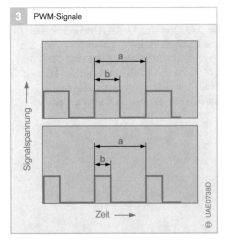

3 PWM-Signale

Signalspannung →

Zeit →

UAE0738D

Ein Steuergerät im Kraftfahrzeug funktioniert im Prinzip wie Ihr PC. Daten werden eingelesen und Ausgangssignale berechnet. Wie beim PC ist das Herzstück eines Steuergeräts die Leiterplatte mit dem Mikrocontroller in präzise gefertigter Mikroelektronik. Doch es gibt einige Anforderungen, die das Steuergerät zusätzlich erfüllen muss:

Echtzeitfähigkeit

Systeme für den Motor und die Fahrsicherheit erfordern ein schnelles Ansprechen der Regelung. Das Steuergerät muss daher „echtzeitfähig" arbeiten. Das heißt, die Reaktion der Regelung muss zeitlich mit dem physikalischen Prozess Schritt halten. Ein Echtzeit-System muss garantiert innerhalb einer definierten Zeitspanne auf Anforderungen reagieren können (Rechtzeitigkeit). Dies erfordert eine geeignete Rechnerarchitektur und eine hohe Rechnerleistung.

Integrierter Aufbau

Bauraum und Gewicht spielen im Kraftfahrzeug immer eine große Rolle. Um die Steuergeräte so klein und leicht wie möglich zu machen, werden u. a. folgende Techniken eingesetzt:

- **Multilayer:** Die zwischen 0,035 und 0,07 mm dicken Leiterbahnen sind in mehreren Schichten übereinander angeordnet.
- **SMD-Bauteile:** Diese sehr kleinen oberflächenmontierten Bauteile (**S**urface **M**ounted **D**evices) sind plan, ohne Durchkontaktierungen bzw. Bohrungen direkt auf die Leiterplatte oder das Hybridsubstrat gelötet oder geklebt.
- **ASIC:** Speziell entworfene integrierte Bausteine (**A**pplication **S**pecific **I**ntegrated **C**ircuit) können viele Funktionen zusammenfassen.

Betriebssicherheit

Redundante (zusätzliche, meist auf anderen Programmpfaden parallel ablaufende)

Rechenvorgänge und eine integrierte Diagnose bieten große Sicherheit gegen Störungen.

Umwelteinflüsse

Auch die Umwelteinflüsse, unter denen die Elektronik sicher arbeiten muss, sind beachtlich:

- **Temperatur:** Steuergeräte im Kraftfahrzeug müssen je nach Anwendungsbereich im Dauerbetrieb Temperaturen zwischen −40 °C und + 60 … 125 °C standhalten. In einigen Bereichen der Substrate ist die Temperatur aufgrund der Abwärme der elektronischen Bauteile sogar noch deutlich höher. Besondere Anforderungen stellen auch die Temperaturwechsel vom kalten Fahrzeugstart bis zum heißen Volllastbetrieb.
- **EMV:** Die Elektronik des Fahrzeugs wird sehr streng auf **E**lektro**m**agnetische **V**erträglichkeit geprüft. Das heißt, elektromagnetische Störquellen (z. B. elektromechanische Steller) oder Strahler (z. B. Radiosender, Handy) dürfen das Steuergerät nicht stören. Umgekehrt darf das Steuergerät die andere Elektronik nicht beeinflussen.
- **Rüttelfestigkeit:** Steuergeräte, die am Motor befestigt sind, müssen bis zu 30 g (d. h., die 30fache Erdbeschleunigung!) aushalten.
- **Dichtheit und Medienbeständigkeit:** Je nach Einbauort muss das Steuergerät Nässe, chemischen Flüssigkeiten (z. B. Öle) und Salzsprühnebel widerstehen.

Diese und andere Anforderungen bei der steigenden Fülle von Funktionen wirtschaftlich umzusetzen, stellt an die Entwickler von Bosch ständig neue Herausforderungen.

Starthilfesysteme

Die Startwilligkeit von Dieselmotoren
sinkt bei niedrigen Temperaturen. Leck-
und Wärmeverluste senken in den kalten
Zylindern den Kompressionsdruck und damit die Temperatur der verdichteten Luft.
Für kalte Motoren gibt es eine Außentem-
peraturgrenze, unterhalb derer ein Motorstart ohne Zusatzeinrichtungen nicht mehr
möglich ist.

Dieselkraftstoff ist im Vergleich zu Otto-
kraftstoff sehr zündwillig. Deshalb starten
warme Vor- und Wirbelkammer-Diesel-
motoren und Direkteinspritzmotoren (DI)
bei niedrigen Außentemperaturen bis $\geq 0\,°C$
spontan. Hier wird die Selbstentzündungs-
temperatur für Dieselkraftstoff von $250\,°C$
beim Start mit der Anlassdrehzahl erreicht.
Kalte Vor- (VK) und Wirbelkammermotoren (WK) benötigen bei Umgebungstemperaturen $< 40\,°C$ (VK) bzw. $< 20\,°C$ (WK)
eine Starthilfe, DI-Motoren erst unterhalb
$0\,°C$.

Übersicht

Systeme für Pkw und leichte Nfz

Für Pkw und leichte Nutzfahrzeuge werden
Glühsysteme eingesetzt. Diese Systeme stei-
gern den Startkomfort und sie tragen dazu
bei, dass der Motor nach dem Start und in
der Warmlaufphase leise und mit minimalen
Emissionen läuft.

Glühsysteme bestehen aus Glühstiftkerzen
(GSK), einem Schalter und einer Glühsoftware in der Motorsteuerung. Bei konventionellen Glühsystemen werden Glühstiftkerzen mit einer Nennspannung von 11 V
verwendet, die mit Bordnetzspannung angesteuert werden. Neue Niederspannungs-
Glühsysteme erfordern Glühstiftkerzen mit
Nennspannungen unterhalb 11 V, deren
Heizleistung über ein elektronisches Glühzeitsteuergerät (GZS) an die Anforderung
des Motors angepasst wird.

Bei Vor- und Wirbelkammermotoren (IDI)
ragen die Glühstiftkerzen in den Neben-
brennraum, bei DI-Motoren in den Brennraum des Motorzylinders.

1 Komponenten eines Glühsystems

Das Luft-Kraftstoff-Gemisch wird an der heißen Spitze der Glühstiftkerze vorbeigeführt und erwärmt sich dabei. Verbunden mit der Ansauglufterwärmung während des Verdichtungstaktes wird die Entflammungstemperatur erreicht.

Für Dieselmotoren mit einem Hubvolumen von mehr als 1 l/Zylinder (Nkw) werden im Normalfall keine Glühsysteme, sondern Flammstartanlagen eingesetzt.

Anforderungen
Die gesteigerten Komfortansprüche heutiger Dieselfahrer hat die Entwicklung von modernen Glühsystemen entscheidend beeinflusst. Ein Kaltstart mit „Diesel-Gedenkminute" wird heutzutage nicht mehr akzeptiert.

Verschärfte Emissionsgrenzwerte und der Wunsch nach höheren spezifischen Motorleistungen hat zur Entwicklung von niedrig verdichtenden Motoren geführt. Das Kaltstart- und Kaltlaufverhalten dieser Motoren ist problematisch. Es kann durch höhere Glühtemperaturen und längere Glühzeiten beherrscht werden.

Durch die starke Zunahme elektrischer Verbraucher wird eine geringe Leistungsaufnahme elektrischer Komponenten zukünftig immer wichtiger.

Zusammenfassend ergeben sich folgende Anforderungen an ein Glühsystem:
- Schnellste Aufheizgeschwindigkeit (1000 °C/s) auch bei einem Einbruch der Bordnetzspannung,
- hohe Lebensdauer des Glühsystems (entsprechend der Motorlebensdauer),
- verlängerte Nach- und Zwischenglühzeiten im Minutenbereich,
- ideale Anpassung der Heizleistung an motorische Anforderungen,
- Dauerglühtemperatur bis 1150 °C für niedrig verdichtende Motoren,
- geringere Bordnetzbelastung,
- EURO IV und US 07 Fähigkeit,
- On-Board-Diagnose nach OBD II und EOBD.

Glühsysteme

Glühphasen
Der Glühvorgang besteht aus fünf Phasen.
- Beim Vorglühen wird die GSK auf Betriebstemperatur erhitzt.
- Während des Bereitschaftsglühens hält das Glühsystem eine zum Start erforderliche GSK-Temperatur für eine definierte Zeit vor.
- Beim Motorhochlauf wird das Startglühen angewendet.
- Nach dem Starterabwurf beginnt die Nachglühphase.
- Nach Motorabkühlung durch Schubbetrieb oder zur Unterstützung der Partikelfilterregeneration werden die GSK zwischengeglüht.

Konventionelles Glühsystem
Aufbau
Konventionelle Glühsysteme bestehen aus
- einer Metall-GSK mit 11 V Nennspannung,
- einem Relais-GZS und
- einem in das Motorsteuergerät (Elektronische Dieselregelung, EDC) integrierten Softwaremodul für die Glühfunktion.

Arbeitsweise
Die Glühsoftware in der EDC startet und beendet den Glühvorgang in Abhängigkeit von der Betätigung des Glühstartschalters und in der Software abgelegten Parametern. Das GZS steuert nach den Vorgaben der EDC die Glühstiftkerzen während der Glühphasen Vor-, Bereitschafts-, Start- und Nachglühen mit Bordnetzspannung über ein Relais an. Die Nennspannung der Glühstiftkerzen beträgt 11 V. Damit ist die Heizleistung von der aktuellen Bordnetzspannung und dem temperaturabhängigen Widerstand (PTC) der GSK abhängig. Es ergibt sich dadurch ein Selbstregelverhalten der GSK. In Verbindung mit einer motorlastabhängigen Abschaltfunktion in der Glühsoftware der Motorsteuerung kann eine Temperaturüberlastung der GSK sicher vermieden werden. Die

Anpassung der Nachglühzeit an den Motorbedarf ermöglicht eine hohe Lebensdauer der GSK bei guten Kaltlaufeigenschaften.

Duraterm-Glühstiftkerze
Aufbau und Eigenschaften
Der Glühstift besteht aus einem Rohrheizkörper, der in das Gehäuse (Bild 1, Pos. 3) gasdicht eingepresst ist. Der Rohrheizkörper besteht aus einem heißgas- und korrosionsbeständigen Glührohr (4), das im Innern eine in verdichtetem Magnesiumoxidpulver (6) eingebettete Glühwendel trägt. Diese Glühwendel setzt sich aus zwei in Reihe geschalteten Widerständen zusammen: aus der in der Glührohrspitze untergebrachten Heizwendel (7) und der Regelwendel (5).

Während die Heizwendel einen von der Temperatur unabhängigen elektrischen Widerstand hat, weist die Regelwendel einen positiven Temperaturkoeffizienten (PTC) auf. Ihr Widerstand erhöht sich bei Glühstiftkerzen der Generation GSK2 mit zunehmender Temperatur noch stärker als bei den älteren Glühstiftkerzen vom Typ S-RSK. Daraus ergibt sich für die GSK2 ein schnelleres Erreichen der zur Zündung des Dieselkraftstoffs benötigten Temperatur an der Glühstiftkerze (850 °C in 4 s) und eine niedrigere Beharrungstemperatur. Die Temperatur wird damit auf für die Glühstiftkerze unkritische Werte begrenzt. Deshalb kann sie nach dem Start noch bis zu drei Minuten weiter betrieben werden. Dieses Nachglühen bewirkt einen verbesserten Kaltleerlauf mit deutlich verringerten Geräusch- und Abgasemissionen.

Die Heizwendel ist zur Kontaktierung masseseitig in die Kuppe des Glührohrs eingeschweißt. Die Regelwendel ist am Anschlussbolzen kontaktiert, über den der Anschluss an das Bordnetz erfolgt.

Funktion
Beim Anlegen der Spannung an die Glühstiftkerze wird zunächst der größte Teil der elektrischen Energie in der Heizwendel in Wärme umgesetzt; die Temperatur an der Spitze der Glühstiftkerze steigt damit steil an. Die Temperatur der Regelwendel – und damit auch der Widerstand – erhöhen sich zeitlich verzögert. Die Stromaufnahme und somit die Gesamtheizleistung der Glühstiftkerze verringert sich und die Temperatur nähert sich dem Beharrungszustand. Es ergeben sich die in Bild 2 dargestellten Aufheizcharakteristiken.

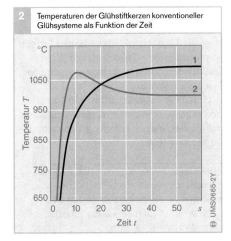

2 Temperaturen der Glühstiftkerzen konventioneller Glühsysteme als Funktion der Zeit

y-Achse: Temperatur T / °C (650, 750, 850, 950, 1050)
x-Achse: Zeit t / s (0, 10, 20, 30, 40, 50)
UMS0665-2Y

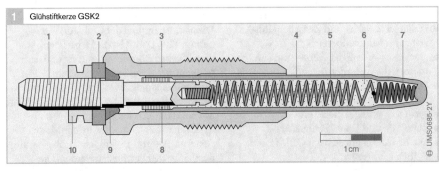

1 Glühstiftkerze GSK2

1 cm

UMS0685-2Y

Bild 1
1   Anschlussstecker
2   Isolierscheibe
3   Gehäuse
4   Glührohr
5   Regelwendel
6   Magnesiumoxid-
    pulver
7   Heizwendel
8   Heizkörperdichtung
9   Doppeldichtung
10 Randmutter

Niederspannungs-Glühsystem

Aufbau

Je nach Einsatzfall enthält das Nieder-
spannungs-Glühsystem

- keramische Rapiterm-Glühstiftkerzen
  oder HighSpeed Metall-Glühstiftkerzen in
  Niederspannungsauslegung < 11 V,
- ein elektronisches Glühzeitsteuergerät
  und
- ein in das Motorsteuergerät (Elektronische Dieselregelung, EDC) integriertes
  Softwaremodul für die Glühfunktion.

Arbeitsweise

Das Glühzeitsteuergerät steuert die Glühstiftkerzen so an, dass die Glühtemperatur an
die motorischen Anforderungen im Vor-,
Bereitschafts-, Start-, Nach- und Zwischenglühbereich angepasst wird. Um beim
Vorglühen die für den Motorstart erforderliche Glühtemperatur möglichst rasch zu erreichen, werden die Glühstiftkerzen in dieser
Phase kurzzeitig mit der Push-Spannung,
die oberhalb der GSK-Nennspannung liegt,
betrieben. Während des Startbereitschaftsglühens wird dann die Ansteuerspannung auf
die GSK-Nennspannung abgesenkt.

Beim Startglühen wird die Ansteuerspannung wieder angehoben, um die Abkühlung
der Glühstiftkerze durch die kalte Ansaugluft auszugleichen. Dies ist auch im Nach-
und Zwischenglühbereich möglich. Die
erforderliche Spannung wird aus der Bordnetzspannung durch eine Pulsweitenmodulation (PWM) erzeugt. Dabei wird der
zugehörige PWM-Wert einem Kennfeld entnommen, das an den jeweiligen Motor
innerhalb einer Applikation angepasst wird.
Das Kennfeld ist in dem Glühmodul der
EDC-Software abgelegt und enthält folgende
Parameter:

- Drehzahl,
- Einspritzmenge (also die Last),
- Zeit nach Starterabwurf (derzeit sind
  drei Nachglühphasen definiert, innerhalb
  der die Temperatur der Glühstiftkerze
  angepasst werden kann),
- Kühlwassertemperatur.

Die kennfeldgestützte Ansteuerung verhindert sicher eine thermische Überlastung der
GSK in allen Motorbetriebszuständen.

Die in der EDC implementierte Glühfunktion beinhaltet einen Überhitzungs-
schutz bei Wiederholglühen. Dies wird
durch ein Energieintegrationsmodell be-
werkstelligt. Beim Aufheizen wird die in die
Glühstiftkerze eingebrachte Energie auf-
integriert. Nach dem Abschalten wird von
dieser Energiemenge die durch Abstrahlung
und Wärmeableitung aus der Glühstiftkerze
abgeleitete Energiemenge abgezogen. Damit
kann die momentane Temperatur der Glühstiftkerzen abgeschätzt werden. Bei Unter-
schreiten einer in der EDC abgelegten
Temperaturschwelle kann die Glühstiftkerze
wieder mit Push-Spannung aufgeheizt
werden.

Die in Abhängigkeit von der Kühlwassertemperatur einstellbare Glühtemperatur erlaubt eine Erhöhung der GSK-Lebensdauer
bei unverändert gutem Kaltstart- und Kaltlaufverhalten. Dies wird durch die Absenkung der GSK-Temperatur bei „warmem"
Kühlwasser – z. B. bei TDI-Motoren ab ca.
−10 °C – und die Verkürzung der Nachglühzeit erreicht. Die Applikation des Glühsystems kann dadurch auf die Wünsche des
Fahrzeugherstellers abgestimmt werden.

Diese Glühsysteme ermöglichen bei Verwendung von HighSpeed Metall-GSK einen
Schnellstart und bei Verwendung von
Rapiterm-GSK einen Sofortstart ähnlich wie
beim Ottomotor bis zu −28 °C.

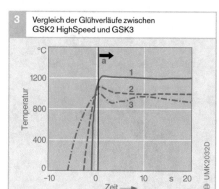

3 Vergleich der Glühverläufe zwischen
GSK2 HighSpeed und GSK3

Bild 3

a   ab $t = 0$ s wird
     mit Strömungs-
     geschwindigkeit
     11 m/s angeblasen

1   Rapiterm-GSK (7 V)
2   HighSpeed Metall-
     GSK (5 V)
3   Metall GSK (11 V)

HighSpeed Metall-GSK

Bild 4 zeigt eine HighSpeed Metall-GSK mit einer Nennspannung von 4,4 V (Push-Spannung beim Aufheizen 11 V für 1,8 s, dann Absenkung auf Nennspannung) mit M8-Gehäuse.

Der prinzipielle Aufbau und die Funktionsweise der HighSpeed-GSK entsprechen der Duraterm. Die Heiz- und Regelwendel sind hier auf eine geringere Nennspannung und große Aufheizgeschwindigkeit ausgelegt.

Die schlanke Bauform ist auf den beschränkten Bauraum bei Vierventilmotoren abgestimmt. Der Glühstift (Ø 4/3,3 mm) hat im vorderen Bereich eine Verjüngung, um die Heizwendel näher an das Glührohr heranzubringen. Dies ermöglicht mit dem hier angewandten Push-Betrieb Aufheizgeschwindigkeiten von bis zu 1000 °C/3 s. Die maximale Glühtemperatur liegt bei über 1000 °C. Die Temperatur während des Startbereitschaftsglühens und im Nachglühbetrieb beträgt ca. 980 °C. Diese Funktionseigenschaften sind an die Anforderungen von Dieselmotoren mit einem Verdichtungsverhältnis von $\varepsilon \geq 18$ angepasst.

Rapiterm-Glühstiftkerze

Die Rapiterm Glühstiftkerzen (Bild 5) haben Glühstifte aus einem neuartigen, hoch temperaturbeständigen keramischen Composite-Material mit einstellbarer elektrischer Leitfähigkeit. Sie erlauben aufgrund ihrer sehr hohen Oxidations- und Thermoschockbeständigkeit einen Sofortstart, maximale Glühtemperaturen von 1300 °C sowie minutenlanges Nach- und Zwischenglühen bei 1150 °C. Sie sind durch ihre geringe Leistungsaufnahme und ihre hohe Lebensdauer anderen Glühstiftkerzen überlegen. Das wird erreicht durch
- die speziellen Eigenschaften des Composite-Materials,
- die Auslegung als Niederspannungs-Glühstiftkerze,
- die an der Oberfläche liegende Heizzone und
- die optimierte Ansteuerung durch die Kombination aus Glühzeitsteuergerät und EDC.

Bosch hat diese Rapiterm-GSK für die speziellen Anforderungen von Motoren mit niedrigem Verdichtungsverhältnis von $\varepsilon \leq 16$ entwickelt.

Emissionsreduzierung bei Dieselmotoren mit niedrigem Verdichtungsverhältnis

Durch das Absenken des Verdichtungsverhältnisses bei modernen Dieselmotoren von $\varepsilon = 18$ auf $\varepsilon = 16$ ist eine Reduktion der NO_X- und Rußemissionen bei gleichzeitiger

4	HighSpeed Metall-Glühstiftkerze

5	Rapiterm-Glühstiftkerze

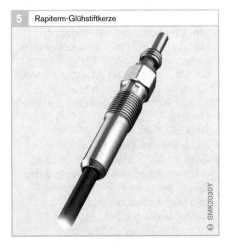

SMK2029Y

SMK2030Y

Steigerung der spezifischen Leistung möglich. Das Kaltstart- und Kaltleerlaufverhalten ist bei diesen Motoren jedoch problematisch. Um beim Kaltstart und Kaltleerlauf dieser Motoren minimale Abgastrübungswerte und eine hohe Laufruhe zu erreichen, sind Temperaturen an der Glühstiftkerze von über 1150 °C erforderlich – für konventionelle Motoren sind 850 °C ausreichend. Während der Kaltlaufphase lassen sich diese niedrigen Emissionswerte – Blaurauch- und Rußemissionen – nur durch minutenlanges Nachglühen aufrechterhalten. Im Vergleich zu Standard-Glühsystemen werden mit dem Rapiterm-Glühsystem von Bosch die Abgastrübungswerte um bis zu 60 % reduziert.

Glühzeitsteuergerät
Das GZS steuert die Glühstiftkerzen über ein Leistungsrelais oder Leistungstransistoren an. Den Startimpuls erhält es vom Motorsteuergerät oder über einen Temperatursensor.

Autarke Glühzeitsteuergeräte übernehmen alle Steuer- und Anzeigefunktionen. Der Glühvorgang wird bei diesen Systemen von Temperatursensoren gesteuert. Bei der Überschreitung einer kritischen Einspritzmenge unterbricht ein Lastschalter den Nachglühvorgang. Dadurch wird eine Über-

hitzung der GSK verhindert. Mittlerweile werden diese Systeme von EDC-gesteuerten Glühzeitsteuergeräten verdrängt.

EDC-gesteuertes Relais-GZS für 11-V-GSK
Das GZS steuert nach den Vorgaben der EDC die 11-V-Glühstiftkerzen mit Bordnetzspannung über ein Relais an. Damit ist die Heizleistung des Glühsystems von der aktuellen Bordnetzspannung und dem temperaturabhängigen Widerstand (PTC-Charakteristik) der GSK abhängig. Glühsysteme mit Relais-GZS zeichnen sich durch geringen Applikationsaufwand aus. Ausgefallene GSK oder Relaisdefekte werden erkannt und per Diagnose-Flag an die EDC signalisiert.

EDC-gesteuertes Transistor-GZS für Niederspannungs-GSK
Die neuen elektronischen Glühzeitsteuergeräte ermöglichen die gezielte Spannungssteuerung der Niederspannungs-Glühstiftkerzen. Die erforderliche effektive Spannung wird aus der Bordnetzspannung durch eine Pulsweitenmodulation (PWM) erzeugt. Dabei wird der zugehörige PWM-Wert einem motorspezifischen Kennfeld entnommen. Das Kennfeld ist in dem Glühmodul der EDC-Software abgelegt. Dadurch kann die Heizleistung des Glühsystems perfekt an die motorischen Anforderungen angepasst werden. Die zeitlich versetzte Ansteuerung der Glühstiftkerzen reduziert die Maximalbelastung des Bordnetzes während der Kaltstart- und Nachglühphase auf ein Minimum.

In das Glühzeitsteuergerät sind eine Eigendiagnose und eine Glühstiftkerzenüberwachung integriert. Fehler, die im Glühsystem auftreten, werden an das EDC-Steuergerät gemeldet und abgelegt. Dies ermöglicht eine On-Board-Diagnose nach OBD II (USA) und EOBD (Europa). Die in der EDC abgelegten Fehlercodes erlauben dem Service die Ausfallursache – eine Glühstiftkerze, das Glühzeitsteuergerät oder die Hauptsicherung – schnell und eindeutig zu erkennen.

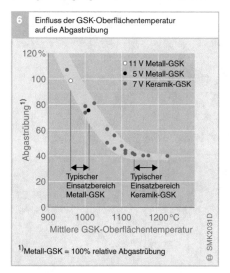

6 Einfluss der GSK-Oberflächentemperatur auf die Abgastrübung

○ 11 V Metall-GSK
● 5 V Metall-GSK
● 7 V Keramik-GSK

Abgastrübung[1]

Typischer Einsatzbereich Metall-GSK

Typischer Einsatzbereich Keramik-GSK

Mittlere GSK-Oberflächentemperatur

[1] Metall-GSK = 100% relative Abgastrübung

Bild 6
Starttemperatur: –20 °C
Verdichtungsverhältnis: 16:1

Diagnose

Die Zunahme der Elektronik im Kraftfahrzeug, die Nutzung von Software zur Steuerung des Fahrzeugs und die erhöhte Komplexität moderner Einspritzsysteme stellen
hohe Anforderungen an das Diagnosekon-
zept, die Überwachung im Fahrbetrieb
(On-Board-Diagnose) und die Werkstatt-
diagnose (Bild 1). Basis der Werkstattdiag-
nose ist die geführte Fehlersuche, die verschiedene Möglichkeiten von Onboard- und
Offboard-Prüfmethoden und Prüfgeräten
verknüpft. Im Zuge der Verschärfung der
Abgasgesetzgebung und der Forderung
nach laufender Überwachung hat auch der
Gesetzgeber die On-Board-Diagnose als
Hilfsmittel zur Abgasüberwachung erkannt
und eine herstellerunabhängige Standardisierung geschaffen. Dieses zusätzlich instal-
lierte System wird *OBD-System* (On Board
Diagnostic System) genannt.

Überwachung im Fahrbetrieb (On-Board-Diagnose)

Übersicht
Die im Steuergerät integrierte Diagnose
gehört zum Grundumfang elektronischer
Motorsteuerungssysteme. Neben der Selbst-
prüfung des Steuergeräts werden Ein- und
Ausgangssignale sowie die Kommunikation
der Steuergeräte untereinander überwacht.

Unter einer On-Board-Diagnose des
elektronischen Systems ist die Fähigkeit des
Steuergeräts zu verstehen, sich auch mithilfe
der „Software-Intelligenz" ständig selbst zu
überwachen, d. h. Fehler zu erkennen, abzuspeichern und diagnostisch auszuwerten.
Die On-Board-Diagnose läuft ohne Zusatz-
geräte ab.

Überwachungsalgorithmen überprüfen
während des Betriebs die Eingangs- und
Ausgangssignale sowie das Gesamtsystem
mit allen Funktionen auf Fehlverhalten und
Störungen. Die dabei erkannten Fehler werden im Fehlerspeicher des Steuergeräts abgespeichert. Die abgespeicherte Fehlerinfor-
mation kann über eine serielle Schnittstelle
ausgelesen werden.

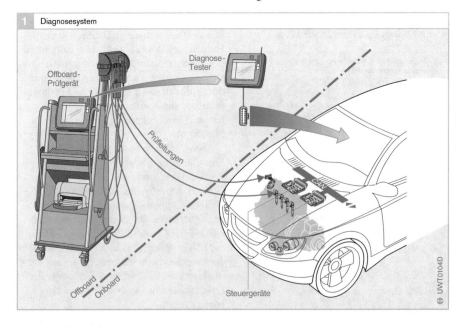

1 Diagnosesystem

Offboard-
Prüfgerät

Diagnose-
Tester

Prüfleitungen

Offboard
Onboard

Steuergeräte

UWT0104D

Überwachung der Eingangssignale

Die Sensoren, Steckverbinder und Verbindungsleitungen (Signalpfad) zum Steuergerät (Bild 2) werden anhand der ausgewerteten Eingangssignale überwacht. Mit diesen Überprüfungen können neben Sensorfehlern auch Kurzschlüsse zur Batteriespannung U_{Batt} und zur Masse sowie Leitungsunterbrechungen festgestellt werden. Hierzu werden folgende Verfahren angewandt:

- Überwachung der Versorgungsspannung des Sensors (falls vorhanden).
- Überprüfung des erfassten Wertes auf den zulässigen Wertebereich (z. B. 0,5…4,5 V).
- Bei Vorliegen von Zusatzinformationen wird eine Plausibilitätsprüfung mit dem erfassten Wert durchgeführt (z. B. Vergleich Kurbelwellen- und Nockenwellendrehzahl).
- Besonders wichtige Sensoren (z. B. Fahrpedalsensor) sind redundant ausgeführt. Ihre Signale können somit direkt miteinander verglichen werden.

Überwachung der Ausgangssignale

Die vom Steuergerät über Endstufen angesteuerten Aktoren (Bild 2) werden überwacht. Mit den Überwachungsfunktionen werden neben Aktorfehlern auch Leitungsunterbrechungen und Kurzschlüsse erkannt. Hierzu werden folgende Verfahren angewandt:

- Überwachung des Stromkreises eines Ausgangssignals durch die Endstufe. Der Stromkreis wird auf Kurzschlüsse zur Batteriespannung U_{Batt}, zur Masse und auf Unterbrechung überwacht.
- Die Systemauswirkungen des Aktors werden direkt oder indirekt durch eine Funktions- oder Plausibilitätsüberwachung erfasst. Die Aktoren des Systems, z. B. Abgasrückführventil, Drosselklappe oder Drallklappe, werden indirekt über die Regelkreise (z. B. permanente Regelabweichung) und teilweise zusätzlich über Lagesensoren (z. B. die Stellung der Turbinengeometrie beim Turbolader) überwacht.

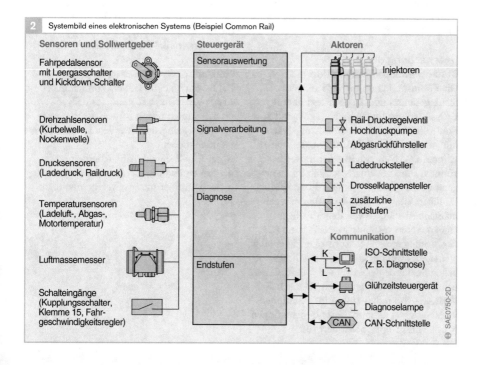

2   Systembild eines elektronischen Systems (Beispiel Common Rail)

Überwachung der internen Steuergerätefunktionen

Damit die korrekte Funktionsweise des Steuergeräts jederzeit sichergestellt ist, sind im Steuergerät Überwachungsfunktionen in Hardware (z. B. „intelligente" Endstufenbausteine) und in Software realisiert. Die Überwachungsfunktionen überprüfen die einzelnen Bauteile des Steuergeräts (z. B. Mikrocontroller, Flash-EPROM, RAM). Viele Tests werden sofort nach dem Einschalten durchgeführt. Weitere Überwachungsfunktionen werden während des normalen Betriebs durchgeführt und in regelmäßigen Abständen wiederholt, damit der Ausfall eines Bauteils auch während des Betriebs erkannt wird. Testabläufe, die sehr viel Rechnerkapazität erfordern oder aus anderen Gründen nicht im Fahrbetrieb erfolgen können, werden im Nachlauf nach „Motor aus" durchgeführt. Auf diese Weise werden die anderen Funktionen nicht beeinträchtigt. Beim Common Rail System für Dieselmotoren werden im Hochlauf oder Nachlauf z. B. die Abschaltpfade der Injektoren getestet. Beim Ottomotor wird im Nachlauf z. B. das Flash-EPROM geprüft.

Überwachung der Steuergerätekommunikation

Die Kommunikation mit den anderen Steuergeräten findet in der Regel über den CAN-Bus statt. Im CAN-Protokoll sind Kontrollmechanismen zur Störungserkennung integriert, sodass Übertragungsfehler schon im CAN-Baustein erkannt werden können. Darüber hinaus werden im Steuergerät weitere Überprüfungen durchgeführt. Da die meisten CAN-Botschaften in regelmäßigen Abständen von den jeweiligen Steuergeräten versendet werden, kann z. B. der Ausfall eines CAN-Controllers in einem Steuergerät mit der Überprüfung dieser zeitlichen Abstände detektiert werden. Zusätzlich werden die empfangenen Signale bei Vorliegen von redundanten Informationen im Steuergerät anhand dieser Informationen wie alle Eingangssignale überprüft.

Fehlerbehandlung

Fehlererkennung

Ein Signalpfad wird als endgültig defekt eingestuft, wenn ein Fehler über eine definierte Zeit vorliegt. Bis zur Defekteinstufung wird der zuletzt als gültig erkannte Wert im System verwendet. Mit der Defekteinstufung wird in der Regel eine Ersatzfunktion eingeleitet (z. B. Motortemperatur-Ersatzwert $T = 90\,°C$).

Für die meisten Fehler ist eine Heilung bzw. Intakt-Erkennung während des Fahrzeugbetriebs möglich. Hierzu muss der Signalpfad für eine definierte Zeit als intakt erkannt werden.

Fehlerspeicherung

Jeder Fehler wird im nichtflüchtigen Bereich des Datenspeichers in Form eines Fehlercodes abgespeichert. Der Fehlercode beschreibt auch die Fehlerart (z. B. Kurzschluss, Leitungsunterbrechung, Plausibilität, Wertebereichsüberschreitung). Zu jedem Fehlereintrag werden zusätzliche Informationen gespeichert, z. B. die Betriebs- und Umweltbedingungen (Freeze Frame), die bei Auftreten des Fehlers herrschen (z. B. Motordrehzahl, Motortemperatur).

Notlauffunktionen (Limp home)

Bei Erkennen eines Fehlers können neben Ersatzwerten auch Notlaufmaßnahmen (z. B. Begrenzung der Motorleistung oder -drehzahl) eingeleitet werden. Diese Maßnahmen dienen

- der Erhaltung der Fahrsicherheit,
- der Vermeidung von Folgeschäden oder
- der Minimierung von Abgasemissionen.

On Board Diagnostic System für Pkw und leichte Nkw

Damit die vom Gesetzgeber geforderten Emissionsgrenzwerte auch im Alltag eingehalten werden, müssen das Motorsystem und die Komponenten ständig überwacht werden. Deshalb wurden – beginnend in Kalifornien – Regelungen zur Überwachung der abgasrelevanten Systeme und Komponenten erlassen. Damit wird die herstellerspezifische On-Board-Diagnose hinsichtlich der Überwachung emissionsrelevanter Komponenten und Systeme standardisiert und weiter ausgebaut.

Gesetzgebung

OBD I (CARB)

1988 trat in Kalifornien mit OBD I die erste Stufe der CARB-Gesetzgebung (California Air Resources Board) in Kraft. Diese erste OBD-Stufe verlangt:

- Die Überwachung abgasrelevanter elektrischer Komponenten (Kurzschlüsse, Leitungsunterbrechungen) und Abspeicherung der Fehler im Fehlerspeicher des Steuergeräts.
- Eine Fehlerlampe (Malfunction Indicator Lamp, MIL), die dem Fahrer erkannte Fehler anzeigt.
- Mit Onboard-Mitteln (z. B. Blinkcode über eine Diagnoselampe) muss ausgelesen werden können, welche Komponente ausgefallen ist.

OBD II (CARB)

1994 wurde mit OBD II die zweite Stufe der Diagnosegesetzgebung in Kalifornien eingeführt. Für Fahrzeuge mit Dieselmotoren wurde OBD II ab 1996 Pflicht. Zusätzlich zu dem Umfang OBD I wird nun auch die Funktionalität des Systems überwacht (z. B. Prüfung von Sensorsignalen auf Plausibilität).

OBD II verlangt, dass alle abgasrelevanten Systeme und Komponenten, die bei Fehlfunktion zu einer Erhöhung der schädlichen Abgasemissionen führen können (Überschreitung der OBD-Grenzwerte), überwacht werden. Zusätzlich sind auch alle Komponenten, die zur Überwachung emissionsrelevanter Komponenten eingesetzt werden bzw. die das Diagnoseergebnis beeinflussen können, zu überwachen.

Für alle zu überprüfenden Komponenten und Systeme müssen die Diagnosefunktionen in der Regel mindestens einmal im Abgas-Testzyklus (z. B. FTP 75) durchlaufen werden. Darüber hinaus wird gefordert, dass alle Diagnosefunktionen auch im täglichen Fahrbetrieb ausreichend häufig ablaufen. Für viele Überwachungsfunktionen wird ab Modelljahr 2005 eine im Gesetz definierte Überwachungshäufigkeit („In Use Monitor Performance Ratio") im täglichen Fahrbetrieb vorgeschrieben.

Seit Einführung der OBD II wurde das Gesetz in mehreren Stufen überarbeitet (updates). Die letzte Überarbeitung gilt ab Modelljahr 2004. Weitere Updates sind angekündigt.

OBD (EPA)

In den übrigen US-Bundesstaaten gelten seit 1994 die Gesetze der Bundesbehörde EPA (Environmental Protection Agency). Der Umfang dieser Diagnose entspricht im Wesentlichen der CARB-Gesetzgebung (OBD II).

Die OBD-Vorschriften für CARB und EPA gelten für alle Pkw bis zu 12 Sitzplätzen sowie leichte Nkw bis 14 000 lbs (6,35 t).

EOBD (EU)

Die auf europäische Verhältnisse angepasste OBD wird als EOBD bezeichnet und lehnt sich an die EPA-OBD an.

Die EOBD gilt seit Januar 2000 für alle Pkw und leichte Nkw mit Ottomotoren bis zu 3,5 t und bis zu 9 Sitzplätzen. Seit Januar 2003 gilt die EOBD auch für Pkw und leichte Nkw mit Dieselmotoren.

Andere Länder

Einige andere Länder haben EU- oder US-OBD bereits übernommen oder planen deren Einführung.

Anforderungen an das OBD-System

Alle Systeme und Komponenten im Kraftfahrzeug, deren Ausfall zu einer Verschlechterung der im Gesetz festgelegten Abgasprüfwerte führt, müssen vom Motorsteuergerät durch geeignete Maßnahmen überwacht werden. Führt ein vorliegender Fehler zum Überschreiten der OBD-Emissionsgrenzwerte, so muss dem Fahrer das Fehlverhalten über die MIL angezeigt werden.

Grenzwerte

Die US-OBD II (CARB und EPA) sieht Schwellen vor, die relativ zu den Emissionsgrenzwerten definiert sind. Damit ergeben sich für die verschiedenen Abgaskategorien, nach denen die Fahrzeuge zertifiziert sind (z. B. TIER, LEV, ULEV), unterschiedliche zulässige OBD-Grenzwerte. In Europa gelten absolute Grenzwerte (Tabelle 1).

Fehlerlampe (MIL)

Die Malfunction Indicator Lamp (MIL) weist den Fahrer auf das fehlerhafte Verhalten einer Komponente hin. Bei einem erkannten Fehler wird im Geltungsbereich von CARB und EPA im zweiten Fahrzyklus mit diesem Fehler die MIL eingeschaltet. Im Geltungsbereich der EOBD wird die MIL spätestens im dritten Fahrzyklus mit erkanntem Fehler eingeschaltet.

Verschwindet ein Fehler wieder (z. B. Wackelkontakt), so bleibt der Fehler im Fehlerspeicher noch 40 Fahrten (warm up cycles) eingetragen. Die MIL wird nach drei fehlerfreien Fahrzyklen wieder ausgeschaltet.

Kommunikation mit Scan-Tool

Die OBD-Gesetzgebung schreibt eine Standardisierung der Fehlerspeicherinformation und des Zugriffs darauf (Stecker, Kommunikationsschnittstelle) nach ISO 15031 und den entsprechenden SAE-Normen (Society of Automotive Engineers) vor. Dies ermöglicht das Auslesen des Fehlerspeichers über genormte, frei käufliche Tester (Scan-Tools, Bild 1).

Weltweit sind je nach Anwendung verschiedene Kommunikationsprotokolle verbreitet. Die wichtigsten sind:
- ISO 9141-2 für europäische Pkw,
- SAE J 1850 für amerikanische Pkw,
- ISO 14230-4 (KWP 2000) für europäische Pkw und Nkw sowie
- SAE J 1708 für US-Nkw.

Diese seriellen Schnittstellen arbeiten mit einer Übertragungsrate (Baudrate) zwischen 5 Baud und 10 kBaud. Sie sind als Eindraht-Schnittstelle mit gemeinsamer Sende- und Empfangsleitung oder als Zweidraht-Schnittstelle mit getrennter *Datenleitung* (K-Leitung) und *Reizleitung* (L-Leitung) aufgebaut. An einem Diagnosestecker können mehrere Steuergeräte (z. B. Motronic und ESP oder EDC und Getriebesteuerung usw.) zusammengefasst werden.

Der Kommunikationsaufbau zwischen Tester und Steuergerät erfolgt in drei Phasen:
- Reizen des Steuergeräts,
- Baudrate erkennen und generieren,
- Keybytes lesen, die zur Kennzeichnung des Übertragungsprotokolls dienen.

1 OBD-Grenzwerte für Pkw und leichte Nkw			
	Otto-Pkw		**Diesel-Pkw**
CARB	– relative Grenzwerte – meist 1,5facher Grenzwert der jeweiligen Abgaskategorie		– relative Grenzwerte – meist 1,5facher Grenzwert der jeweiligen Abgaskategorie
EPA (US-Federal)	– relative Grenzwerte – meist 1,5facher Grenzwert der jeweiligen Abgaskategorie		– relative Grenzwerte – meist 1,5facher Grenzwert der jeweiligen Abgaskategorie
EOBD	2000 CO: 3,2 g/km HC: 0,4 g/km NO_X: 0,6 g/km	2005 (vorgeschlagen) CO: 1,9 g/km HC: 0,3 g/km NO_X: 0,53 g/km	2003 CO: 3,2 g/km HC: 0,4 g/km NO_X: 1,2 g/km PM: 0,18 g/km	2005 (vorgeschlagen) CO: 3,2 g/km HC: 0,4 g/km NO_X: 1,2 g/km PM: 0,18 g/km

Tabelle 1

Danach kann die Auswertung erfolgen. Folgende Funktionen sind möglich:
- Steuergerät identifizieren,
- Fehlerspeicher lesen,
- Fehlerspeicher löschen,
- Istwerte lesen.

Zukünftig wird die Kommunikation zwischen Steuergeräten und Testgerät zunehmend über den CAN-Bus erfolgen (ISO 15765-4). Ab 2008 ist in den USA die Diagnose nur noch über diese Schnittstelle erlaubt.

Um die Fehlerspeicherinformationen des Steuergeräts leicht auslesen zu können, ist in jedem Fahrzeug gut zugänglich (vom Fahrersitz aus erreichbar) eine einheitliche Diagnosesteckdose eingebaut, an der die Verbindung mit dem Scan-Tool hergestellt werden kann (Bild 2).

Auslesen der Fehlerinformationen

Mit Hilfe des Scan-Tools können die emissionsrelevanten Fehlerinformationen von jeder Werkstatt aus dem Steuergerät ausgelesen werden (Bild 3). So werden auch herstellerunabhängige Werkstätten in die Lage versetzt, diese Informationen für eine Reparatur zu nutzen. Zur Sicherstellung dieser Möglichkeit werden die Hersteller verpflichtet, notwendige Werkzeuge und Informationen gegen angemessene Bezahlung zur Verfügung zu stellen (z. B. im Internet).

Rückruf

Erfüllen Fahrzeuge die gesetzlichen OBD-Forderungen nicht, kann der Gesetzgeber auf Kosten der Fahrzeughersteller Rückrufaktionen anordnen.

---

1   OBD-System

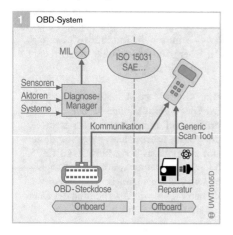

2   Pinbelegung der OBD-Steckdose

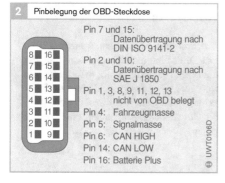

Pin 7 und 15:
    Datenübertragung nach
    DIN ISO 9141-2

Pin 2 und 10:
    Datenübertragung nach
    SAE J 1850

Pin 1, 3, 8, 9, 11, 12, 13
    nicht von OBD belegt

Pin 4: Fahrzeugmasse
Pin 5: Signalmasse
Pin 6: CAN HIGH
Pin 14: CAN LOW
Pin 16: Batterie Plus

3   Betriebsarten des Diagnosetesters

Service 1 (Mode 1)
Auslesen der aktuellen Istwerte des Systems (z. B. Messwerte Drehzahl und Temperatur).

Service 2 (Mode 2)
Auslesen der Umweltbedingungen (Freeze Frame), die während des Auftretens des Fehlers vorgeherrscht haben.

Service 3 (Mode 3)
Fehlerspeicher auslesen. Es werden die abgasrelevanten und bestätigten Fehlercodes ausgelesen.

Service 4 (Mode 4)
Löschen des Fehlercodes im Fehlerspeicher und Zurücksetzen der begleitenden Information.

Service 5 (Mode 5)
Anzeigen von Messwerten und Schwellen der λ-Sonden.

Service 6 (Mode 6)
Anzeigen der Messwerte von speziellen Funktionen (z. B. Abgasrückführung).

Service 7 (Mode 7)
Fehlerspeicher auslesen. Im Service 7 werden die noch nicht bestätigten Fehlercodes ausgelesen.

Service 8 (Mode 8)
Testfunktionen anstoßen (Fahrzeughersteller spezifisch).

Service 9 (Mode 9)
Auslesen von Fahrzeuginformationen.

Funktionale Anforderungen

Übersicht

Wie bei der On-Board-Diagnose müssen alle Eingangs- und Ausgangssignale des Steuergeräts sowie die Komponenten selbst überwacht werden.

Die Gesetzgebung fordert die elektrische Überwachung (Kurzschluss, Leitungsunterbrechung) sowie eine Plausibilitätsprüfung für Sensoren und eine Funktionsüberwachung für Aktoren.

Die Schadstoffkonzentration, die durch den Ausfall einer Komponente zu erwarten ist (Erfahrungswerte), sowie die teilweise im Gesetz geforderte Art der Überwachung bestimmt auch die Art der Diagnose. Ein einfacher Funktionstest (Schwarz-Weiß-Prüfung) prüft nur die Funktionsfähigkeit des Systems oder der Komponenten (z. B. Drallklappe öffnet und schließt). Die umfangreiche Funktionsprüfung macht eine genauere Aussage über die Funktionsfähigkeit des Systems. So muss bei der Überwachung der adaptiven Einspritzfunktionen (z. B. Nullmengenkalibrierung beim Dieselmotor, Lambda-Adaption beim Ottomotor) die Grenze der Adaption überwacht werden.

Die Komplexität der Diagnosen hat mit der Entwicklung der Abgasgesetzgebung ständig zugenommen.

Einschaltbedingungen

Die Diagnosefunktionen werden nur dann abgearbeitet, wenn die Einschaltbedingungen erfüllt sind. Hierzu gehören z. B.
● Drehmomentschwellen,
● Motortemperaturschwellen und
● Drehzahlschwellen oder -grenzen.

Sperrbedingungen

Diagnosefunktionen und Motorfunktionen können nicht immer gleichzeitig arbeiten. Es gibt Sperrbedingungen, die die Durchführung bestimmter Funktionen unterbinden. Beim Diesel-System kann z. B. der Luftmassenmesser (HFM) nur dann hinreichend überwacht werden, wenn das Abgasrückführventil geschlossen ist. Beim Otto-System kann die Tankentlüftung (Kraftstoffverduns-tungs-Rückhaltesystem) nicht arbeiten, wenn die Katalysatordiagnose in Betrieb ist.

Temporäres Abschalten von Diagnosefunktionen

Um Fehldiagnosen zu vermeiden, dürfen die Diagnosefunktionen unter bestimmten Voraussetzungen abgeschaltet werden. Beispiele hierfür sind:
● große Höhe,
● niedrige Umgebungstemperatur bei Motorstart oder
● niedrige Batteriespannung.

Readiness-Code

Für die Überprüfung des Fehlerspeichers ist es von Bedeutung zu wissen, dass die Diagnosefunktionen wenigstens ein Mal abgearbeitet wurden. Das kann durch Auslesen der Readiness-Codes (Bereitschaftscodes) über die Diagnoseschnittstelle überprüft werden. Nach einem Löschen des Fehlerspeichers im Service müssen die Readiness-Codes nach der Überprüfung der Funktionen erneut gesetzt werden.

Diagnose-System-Management DSM

Die Diagnosefunktionen für alle zu überprüfenden Komponenten und Systeme müssen im Fahrbetrieb, jedoch mindestens einmal im Abgas-Testzyklus (z. B. FTP 75, NEFZ) durchlaufen werden. Das Diagnose-System-Management (DSM) kann die Reihenfolge für die Abarbeitung der Diagnosefunktionen je nach Fahrzustand dynamisch verändern.

Das DSM besteht aus den folgenden drei Komponenten (Bild 4):

Diagnose-Fehlerpfad-Management DFPM

Das DFPM hat in erster Linie die Aufgabe, die Fehlerzustände, die im System erkannt werden, zu speichern. Zusätzlich zu den Fehlern sind weitere Informationen wie z. B. die Umweltbedingungen (Freeze Frame) abgelegt.

Diagnose-Funktions-Scheduler DSCHED
Der DSCHED ist für die Koordinierung der
zugewiesenen Motor- und Diagnosefunktionen zuständig. Hierfür bekommt er Informationen vom DVAL und DFPM. Weiterhin
melden die Funktionen, die eine Freigabe
durch den DSCHED benötigen, ihre Bereit-
schaft zur Durchführung, worauf der
aktuelle Systemzustand überprüft wird.

Diagnose-Validator DVAL
Aufgrund aktueller Fehlerspeichereinträge
sowie zusätzlich gespeicherter Informatio-
nen entscheidet der DVAL (bisher nur im
Otto-System eingesetzt) für jeden erkannten
Fehler, ob dieser die wirkliche Ursache des
Fehlverhaltens oder ein Folgefehler ist. Im
Ergebnis stellt die Validierung abgesicherte
Informationen für den Diagnosetester, mit
dem der Fehlerspeicher ausgelesen wird, zur
Verfügung.

Diagnosefunktionen können damit in
beliebiger Reihenfolge freigegeben werden.
Alle freigegebenen Diagnosen und ihre
Ergebnisse werden nachträglich bewertet.

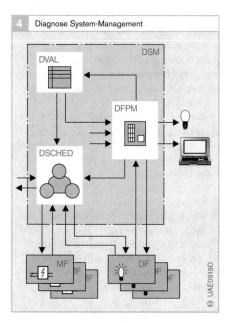

4   Diagnose System-Management

OBD-Funktionen

Übersicht
Während EOBD nur bei einzelnen Kompo-
nenten die Überwachung im Detail vor-
schreibt, sind die Anforderungen bei der
CARB-OBD II wesentlich detaillierter. Die
folgende Aufzählung stellt den derzeitigen
Stand der CARB-Anforderungen für Pkw-
Otto- und -Dieselmotoren dar. Mit (E) sind
Anforderungen markiert, die auch in der
EOBD-Gesetzgebung im Detail beschrieben
sind:
- Katalysator (E), beheizter Katalysator,
- Verbrennungs-(Zünd-)Aussetzer
  (E, beim Diesel-System nicht für EOBD),
- Verdunstungsminderungssystem
  (Tankleckdiagnose, nur bei Otto-System),
- Sekundärlufteinblasung,
- Kraftstoffsystem,
- Lambda-Sonden (E),
- Abgasrückführung,
- Kurbelgehäuseentlüftung,
- Motorkühlsystem,
- Kaltstartemissionsminderungssystem
  (derzeit nur bei Otto-System),
- Klimaanlage (Komponenten),
- Variabler Ventiltrieb (derzeit nur bei
  Otto-Systemen im Einsatz),
- Direktes Ozonminderungssystem (derzeit
  nur bei Otto-System im Einsatz),
- Partikelfilter (Rußfilter, nur bei Diesel-
  System) (E)
- Comprehensive Components (E),
- Sonstige emissionsrelevante
  Komponenten/Systeme (E).

„Sonstige emissionsrelevante Komponen-
ten/Systeme" sind die in dieser Aufzählung
nicht genannten Komponenten/Systeme,
deren Ausfall zur Überschreitung der OBD-
Grenzwerte führen kann und die bei Ausfall
andere Diagnosefunktionen sperren können.

Katalysatordiagnose
Beim Diesel-System werden im Oxidationskatalysator Kohlenmonoxid (CO) und
unverbrannte Kohlenwasserstoffe (HC) oxi-
diert. An Diagnosefunktionen zur Funktionsüberwachung des Oxidationskatalysators auf

der Basis von Temperatur und Druckdifferenz wird derzeit gearbeitet. Ein Ansatz arbeitet auf der Basis einer aktiven Nacheinspritzung („intrusive operation"). Dabei wird Wärme durch eine exotherme HC-Reaktion im Oxidationskatalysator erzeugt. Die Temperatur wird gemessen und mit berechneten Modellwerten verglichen. Daraus kann die Funktionsfähigkeit des Katalysators abgeleitet werden.

Ebenso wird an Überwachungsfunktionen für die Speicher- und Regenerationsfähigkeit des NO_X-Speicherkatalysators gearbeitet, der auch beim Diesel-System in Zukunft eingesetzt werden wird. Die Überwachungsfunktionen arbeiten auf der Basis von Beladungs- und Entladungsmodellen sowie der gemessenen Regenerationsdauer. Dazu ist der Einsatz von Lambda- oder NO_X-Sensoren erforderlich.

Verbrennungsaussetzererkennung

Fehlerhafte Einspritzungen oder Kompressionsverlust führen zur Verschlechterung der Verbrennung und damit zu Änderungen der Emissionswerte. Die Aussetzererkennung wertet für jeden Zylinder die von einer Verbrennung bis zur nächsten verstrichene Zeit (Segmentzeit) aus. Diese Zeit wird aus dem Signal des Drehzahlsensors abgeleitet. Eine im Vergleich zu den anderen Zylindern vergrößerte Segmentzeit deutet auf einen Aussetzer oder Kompressionsverlust hin.

Beim Diesel-System wird die Diagnose der Verbrennungsaussetzer nur im Leerlauf gefordert und durchgeführt.

Diagnose Kraftstoffsystem

Beim Common Rail System gehören zur Diagnose des Kraftstoffsystems die elektrische Überwachung der Injektoren und der Raildruckregelung (Hochdruckregelung), beim Unit Injector System vor allem die Überwachung der Schaltzeit der Einspritzventile. Spezielle Funktionen des Einspritzsystems, die die Einspritzmengengenauigkeit erhöhen, werden ebenfalls überwacht. Beispiele hierzu sind die Nullmengenkalibrierung, die Mengen-Mittelwertadaption und

die Funktion AS-MOD-Observer (Luftsystembeobachter). Die beiden zuletzt genannten Funktionen benutzen die Informationen der Lambda-Sonde als Eingangssignale und berechnen daraus und aus Modellen die Abweichungen zwischen Soll- und Istmenge.

Diagnose Lambda-Sonden

Bei Diesel-Systemen werden derzeit Breitband-Lambda-Sonden eingesetzt. Diese benötigen andere Diagnoseverfahren als Zweipunktsonden, da für sie auch von $\lambda = 1$ abweichende Vorgaben möglich sind. Sie werden elektrisch (Kurzschluss, Kabelunterbrechung) und auf Plausibilität überwacht. Das Heizelement der Sondenheizung wird elektrisch und auf bleibende Regelabweichung geprüft.

Diagnose Abgasrückführsystem

Beim Abgasrückführsystem werden das AGR-Ventil und – falls vorhanden – der Abgaskühler überwacht.

Das Abgasrückführventil wird sowohl elektrisch als auch funktional überwacht. Die funktionale Überwachung erfolgt über Luftmassenregler und Lageregler, die auf bleibende Regelabweichung geprüft werden.

Hat das Abgasrückführsystem einen Kühler, so muss dessen Funktionsfähigkeit ebenfalls überwacht werden. Die Überwachung erfolgt über eine zusätzliche Temperaturmessung hinter dem Kühler. Die gemessene Temperatur wird mit einem aus einem Modell berechneten Sollwert verglichen. Liegt ein Defekt vor, so kann dieser über die Abweichung von Soll- und Istwert erkannt werden.

Diagnose Kurbelgehäuseventilation

Fehler in der Kurbelgehäuseventilation können – je nach System – über den Luftmassenmesser erkannt werden. Verfügt die Kurbelgehäuseventilation über ein „robustes" Design, so fordert der Gesetzgeber keine Überwachung.

Diagnose Motorkühlsystem

Das Motorkühlsystem besteht aus Thermostat und Kühlwassertemperatursensor. Ein defekter Thermostat kann z. B. zu einer nur langsam ansteigenden Motortemperatur und damit zu erhöhten Abgasemissionswerten führen. Die Diagnosefunktion für den Thermostat prüft anhand des Kühlwassertemperatursensors das Erreichen einer Nominaltemperatur. Darüber hinaus erfolgt die Überwachung mithilfe eines Temperaturmodells.

Der Kühlwassertemperatursensor wird neben der Überwachung auf elektrische Fehler durch eine dynamische Plausibilitätsfunktion auf das Erreichen einer Minimaltemperatur überwacht. Daneben erfolgt eine dynamische Plausibilisierung bei der Abkühlung des Motors. Durch diese Funktionen kann ein Hängenbleiben des Sensors sowohl im unteren als auch im oberen Temperaturbereich überwacht werden.

Diagnose Klimaanlage

Um den Leistungsbedarf der Klimaanlage zu decken, kann der Motor unter Umständen in einem anderen Betriebspunkt betrieben werden. Die geforderte Diagnose muss deshalb alle elektronischen Komponenten der Klimaanlage überwachen, die bei einem Defekt möglicherweise zu einem Emissionsanstieg führen können.

Diagnose Partikelfilter

Beim Partikelfilter wird derzeit auf einen gebrochenen, entfernten oder verstopften Filter überwacht. Dazu wird ein Differenzdrucksensor eingesetzt, der bei einem bestimmten Volumenstrom die Druckdifferenz (Abgasgegendruck vor und nach dem Filter) misst. Aus dem Messwert kann auf einen defekten Filter geschlossen werden.

Comprehensive Components

Die OBD-Gesetzgebung fordert, dass sämtliche Sensoren (z. B. Luftmassenmesser, Drehzahlsensor, Temperatursensoren) und Aktoren (z. B. Drosselklappe, Hochdruckpumpe, Glühkerzen) überwacht werden

müssen, die entweder Einfluss auf die Emissionen haben oder zur Überwachung anderer Komponenten oder Systeme benutzt werden (und dadurch gegebenenfalls andere Diagnosen sperren).

Sensoren werden auf folgende Fehler überwacht (Bild 5):
- Elektrische Fehler, d. h. Kurzschlüsse und Leitungsunterbrechungen *(Signal Range Check)*.
- Bereichsfehler *(Out of Range Check)*, d. h. Über- oder Unterschreitung der vom physikalischen Messbereich des Sensors festgelegten Spannungsgrenzen.
- Plausibilitätsfehler *(Rationality Check)*; dies sind Fehler, die in der Komponente selbst liegen (z. B. Drift) oder z. B. durch Nebenschlüsse hervorgerufen werden können. Zur Überwachung werden die Sensorsignale entweder mit einem Modell oder direkt mit anderen Sensoren plausibilisiert.

Aktoren müssen auf elektrische Fehler und – falls technisch machbar – auch funktional überwacht werden. Funktionale Überwachung bedeutet, dass die Umsetzung eines gegebenen Stellbefehls (Sollwert) überwacht wird, indem die Systemreaktion (Istwert) in geeigneter Weise durch Informationen aus dem System beobachtet oder gemessen wird (z. B. durch einen Lagesensor).

Zu den zu überwachenden Aktoren gehören neben sämtlichen Endstufen:
- die Drosselklappe,
- das Abgasrückführventil,
- die variable Turbinengeometrie des Abgasturboladers,
- die Drallklappe,
- die Glühkerzen.

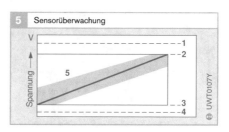

5 Sensorüberwachung

Bild 5
1 Obere Schwelle für *Signal Range Check*
2 obere Schwelle für *Out of Range Check*
3 untere Schwelle für *Out of Range Check*
4 untere Schwelle für *Signal Range Check*
5 Plausibilitätsbereich *Rationality Check*

On Board Diagnostic System für schwere Nkw

In Europa und den USA liegen Gesetzentwürfe vor, die noch nicht verabschiedet sind; diese lehnen sich eng an die jeweilige Pkw-Gesetzgebung an.

Gesetzgebung

In der EU ist mit einer Einführung für neue Typprüfungen ab 10/2005 zu rechnen (zusammen mit der Abgasgesetzgebung EU 4). Ab 10/2006 soll ein OBD-System für jedes Neufahrzeug Pflicht sein. Für die USA sieht der Entwurf der kalifornischen Behörde CARB die Einführung eines OBD-Systems für das Modelljahr (MJ) 2007 vor. Es ist damit zu rechnen, dass auch EPA (US-Federal) für MJ 2007 noch im Jahr 2004 einen Entwurf vorlegen wird. Darüber hinaus gibt es Bemühungen zu einer weltweiten Harmonisierung (**W**orld **W**ide **H**armonized, WWH-OBD), mit der jedoch nicht vor 2012 zu rechnen ist. Japan wird voraussichtlich 2005 ein OBD-System einführen.

EOBD für Nkw und Busse > 3,5 t

Die europäische OBD-Gesetzgebung sieht eine zweistufige Einführung vor. Stufe 1 (2005) verlangt die Überwachung
- des Einspritzsystems auf geschlossenen Stromkreis und Totalausfall,
- der emissionsrelevanten Motorkomponenten oder Systeme auf Einhaltung der OBD-Grenzwerte (Tabelle 1),
- des Abgasnachbehandlungssystems auf größere funktionale Fehler (z. B. schadhafter Katalysator, Harnstoffmangel bei SCR-System).

Für die Stufe 2 (2008) gilt:
- Auch das Abgasnachbehandlungssystem muss auf Emissionsgrenzwerte überwacht werden.
- Die OBD-Grenzwerte werden dem aktuellen Stand der Technik angepasst (Verfügbarkeit von Abgassensoren).

Als Protokoll für die Scan-Tool-Kommunikation über CAN ist alternativ ISO 15765 oder SAE J1939 zugelassen.

CARB-OBD für HD-Trucks > 14 000 lbs (6,35 t)

Der vorliegende Gesetzentwurf lehnt sich in den funktionalen Forderungen sehr eng an die Pkw-Gesetzgebung an und sieht ebenfalls eine zweistufige Einführung vor:
- MJ 2007 mit einer Überwachung auf funktionale Fehler,
- MJ 2010 mit Überwachung auf OBD-Grenzwerte (Tabelle 1).

Wesentliche Änderungen gegenüber aktueller Pkw-Gesetzgebung:
- Löschung des OBD-Fehlerspeichers nicht mehr über Scan-Tool möglich, sondern nur durch Selbstheilung (z. B. nach Reparatur).
- Neben der CAN-Diagnosekommunikation nach ISO 15765 (wie bei Pkw) ist alternativ auch SAE J1939 zugelassen.

1	OBD-Grenzwerte für schwere Nkw (vorgeschlagen)	
CARB	2007	2010
	– funktionaler Check ohne Grenzwerte	– relativer Grenzwert – 1,5facher Wert der jeweiligen Abgaskategorie – Ausnahme: Katalysator, Faktor 1,75
EPA	– noch nicht festgelegt	– noch nicht festgelegt
EU	2005	2008
	– absoluter Grenzwert NO_x: 7,0 g/kWh PM: 0,1 g/kWh – funktionaler Check für Abgasnachbehandlungssystem	– absoluter Grenzwert NO_x: 7,0 g/kWh PM: 0,1 g/kWh – Vorbehalt der Überprüfung durch EU-Kommission

Tabelle 1

„Wenn Du erst einmal im Motorwagen gefahren bist, dann wirst Du bald finden, dass es mit Pferden etwas unglaublich Langweiliges ist (…). Es gehört aber ein sorgfältiger Mechaniker an den Wagen (…)."

Robert Bosch schrieb im Jahr 1906 diese Zeilen an seinen Freund Paul Reusch. Damals konnten in der Tat auftretende Pannen durch den angestellten Chauffeur oder den Mechaniker daheim behoben werden. Doch mit der steigenden Zahl der selbstfahrenden „Automobilisten" nach dem Ersten Weltkrieg wuchs das Bedürfnis nach Werkstätten rasch an. In den 1920er-Jahren begann Robert Bosch mit dem systematischen Aufbau einer flächendeckenden Kundendienstorganisation. 1926 erhielten diese Werkstätten den einheitlichen, als Markenzeichen angemeldeten Namen „Bosch-Dienst".

Die Bosch-Dienste von heute haben die Bezeichnung „Bosch Car Service". Sie sind mit modernsten elektronischen Geräten ausgerüstet, um den Anforderungen der Kraftfahrzeugtechnik von heute und den Qualitätsansprüchen des Kunden gerecht zu werden.

1 Eine Reparaturhalle aus dem Jahr 1925 (Foto: Bosch)

2 Der Bosch Car Service im 21. Jahrhundert, durchgeführt mit modernsten elektronischen Messgeräten

Verständnisfragen

Die Verständnisfragen dienen dazu, den Wissensstand zu überprüfen. Die Antworten zu den Fragen finden sich in den Abschnitten, auf die sich die jeweilige Frage bezieht. Daher wird hier auf eine explizite „Musterlösung" verzichtet. Nach dem Durcharbeiten des vorliegenden Teils des Fachlehrgangs sollte man dazu in der Lage sein, alle Fragen zu beantworten. Sollte die Beantwortung der Fragen schwer fallen, so wird die Wiederholung der entsprechenden Abschnitte empfohlen.

1. Welche Diesel-Einspritsysteme gibt es und wie funktionieren sie prinzipiell?

2. Wie ist die elektronische Dieselregelung aufgebaut und wie funktioniert sie?

3. Wie wird die Einspritzung geregelt?

4. Wie funktioniert die λ-Regelung?

5. Was ist ein momentengeführtes EDC-System und wie funktioniert es?

6. Wie werden die Daten mit anderen Systemen ausgetauscht?

7. Wie erfolgt die Applikation?

8. Welche Sensoren werden hier eingesetzt? Wie funktionieren diese Sensoren? Wofür werden diese Sensoren eingesetzt?

9. Wie ist ein Steuergerät aufgebaut?

10. Welche Starthilfesysteme werden eingesetzt? Wie funktionieren sie?

11. Was ist eine On-Board-Diagnose und wie funktioniert sie?

12. Wie funktioniert die Diagnose in der Werkstatt?

Abkürzungsverzeichnis

A

ABS Antiblockiersystem

ACC Adaptive Cruise Control

ACEA Association des Constructeurs Européens d'Automobiles (Verband der europäischen Automobilhersteller)

A/D Analog/Digital (-Wandler)

ADA Atmosphärendruckabhängiger Volllastanschlag

ADC Analog/Digital-Converter (Analog/Digital-Wandler)

ADF Atmosphärendruckfühler

ADM Application Data Manager (Applikationsdatenmanager)

AGR Abgasrückführung

AHR Abgashubrückmelder

ALFB Abschaltbarer lastabhängiger Förderbeginn

ARD Aktive Ruckeldämpfung

ARS Angle of Rotation Sensor (Drehwinkelsensor)

ASIC Application Specific Integrated Circuit (anwendungsbezogene integrierte Schaltung)

ASR Antriebsschlupfregelung

ASTM American Society for Testing and Materials

ATL Abgasturbolader

AU Abgasuntersuchung

AZG Adaptive Zylindergleichstellung

B

BDE Benzin-Direkteinspritzung

BIP-Signal Begin of Injection Period-Signal (Signal der Förderbeginnerkennung)

BMD Bag Mini Diluter (Verdünnungsanlage)

C

CAFE Corporate Average Fuel Economy

CAN Controller Area Network (lineares Datenbussystem)

CARB California Air Resources Board

CAS[plus] Computer Aided Service

CCRS Current Controlled Rate Shaping

CDM Calibration Data Manager (Applikationsdatenmanager)

CDPF Catalyzed Diesel Particulate Filter (katalytisch beschichteter Partikelfilter)

CFPP Cold Filter Plugging Point (Filter-Verstopfungspunkt bei Kälte)

CFR Cooperative Fuel Research

CFV Critical Flow Venturi

CLD Chemilumineszenzdetektor

CO Kohlenmonoxid

CO_2 Kohlendioxid

COP Conformity of Production

CPU Central Processing Unit

CR Common Rail

CRT Continuously Regenerating Trap (kontinuierlich regenerierendes Partikelfiltersystem)

CSF Catalyzed Soot Filter (katalytisch beschichteter Partikelfilter)

CT-Phase cold transient Phase (kalte Testphase beim Abgastest)

CVS Constant Volume Sampling

CZ Cetanzahl

D

DCU DENOXTRONIC Control Unit

DDS Diesel-Diebstahl-Schutz

DFPM Diagnose-Fehlerpfad-Management

DHK Düsenhalterkombination

DI Direct Injection (Direkteinspritzung)

DIN Deutsches Institut für Normung

DME Dimethylether

DMV Diesel-Magnetventil
DOC Diesel Oxidation Catalyst
        (Diesel-Oxidationskatalysator)
DPF Dieselpartikelfilter
DSCHED Diagnose-Funktions-Scheduler
DSM Diagnose-System-Management
DVAL Diagnose-Validator
DWS Drehwinkelsensor
DZG Drehzahlgeber
        (Drehzahlsensor)

E
ECE Economic Commission for Europe
        (Europäische Wirtschaftskommission
        der Vereinten
        Nationen)
ECM Elektrochemische Metallbearbeitung
EDC Electronic Diesel Control
        (Elektronische Dieselregelung)
EDR Enddrehzahlregelung
EDV Elektronische Datenverarbeitung
EEPROM Electrically Erasable
        Programmable Read Only Memory
EEV Enhanced Environmentally-Friendly
        Vehicle
EG Europäische Gemeinschaft
EGS Elektronische Getriebesteuerung
EHAB Elektro-Hydraulische
        Abstellvorrichtung
EIR Emission Information Report
EKP Elektrokraftstoffpumpe
ELAB Elektrisches Abstellventil
ELPI Electrical Low Pressure Impactor
ELR Elektronische Leerlaufregelung
ELR European Load Response
EMI Einspritzmengenindikator
EMV Elektromagnetische Verträglichkeit
EOBD European OBD
EOL-Programmierung End-Of-Line-Pro-
        grammierung
EPA Environmental Protection Agency
        (US-Umwelt-Bundesbehörde)
EPROM Erasable Programmable Read
        Only Memory

ESC European Steady-State Cycle
ESI[tronic] Elektronische Service-
        Information
ESP Elektronisches Stabilitäts-Programm
ETC European Transient Cycle
EU Europäische Union
euATL Elektrisch unterstützter
        Abgasturbolader
EWIR Emissions Warranty Information Re-
        port

F
FAME Fatty Acid Methyl Ester (Fettsäure-
        methylester)
FGB Fahrgeschwindigkeitsbegrenzer (auch
        Limiter)
FGR Fahrgeschwindigkeitsregler (auch
        Tempomat)
FID Flammenionisationsdetektor
FIR Field Information Report

FR First Registration
        (Erstzulassung)
FSA Fahrzeug-System-Analyse
FSS Fördersignalsensor
FTIR Fourier-Transform-Infrarot
        (-Spektroskopie)
FTP Federal Test Procedure

G
GC Gaschromatographie
GDV Gleichdruckventil
GPS Global Positioning System
GRV Gleichraumventil
GSK Glühstiftkerze
GST Gestufte Startmenge
GZS Glühzeitsteuergerät

H
H-Pumpe Hubschieber-Reihen-
        einspritzpumpe
HBA Hydraulisch betätigte Angleichung
HCCI Homogeneous Compressed Combus-
        tion Ignition

HD Hochdruck
HDK Halb-Differenzial-
Kurzschlussringsensor
HDTC Heavy-Duty Transient Cycle
HDV Heavy-Duty Vehicle
HE-Bearbeitung Hydroerosive Bearbeitung
HFM Heißfilm-Luftmassenmesser
HFRR-Methode High Frequency
Reciprocating Rig (Verschleiß-
prüfung)
HGB Höchstgeschwindigkeitsbegrenzung
H-Kat Hydrolyse-Katalysator
HSV Hydraulische Startmengen-
verriegelung
HWL Harnstoff-Wasser-Lösung

I
IC Integrated Circuit (Integrierte Schal-
tung)
IDE-Bit Identifier Extension Bit
IDI Indirect Injection
(Indirekte Einspritzung)
IMA Injektormengenabgleich
INCA Integrated Calibration and
Acquisition System
ISO International Organization for Stan-
dardization
IWZ-Signal Inkremental-Winkel-
Zeit-Signal

J
JAMA Japan Automobile Manufacturers Association

K
KMA Kontinuierliche Mengenanalyse
KSB Kaltstartbeschleuniger
KW Kurbelwellenwinkel

L
LDA Ladedruckabhängiger
Volllastanschlag
LDR Ladedruckregelung
LDT Light-Duty Truck

LED Light-Emitting Diode (Leuchtdiode)
LEV Low-Emission Vehicle
LFG Leerlauffeder gehäusefest
LLR Leerlaufregelung
LRR Laufruheregelung
LSF (Zweipunkt-)Finger-Lambda-Sonde
LSU (Breitband-)Lambda-Sonde-
Universal
LTCC Low Temperature Cofired Ceramic

M
MAB Mengenabstellung
MAR Mengenausgleichsregelung
MBEG Mengenbegrenzung
MC Microcomputer
MDA Measure Data Analyzer
(Messdatenanalyse)
MDPV Medium Duty Passenger Vehicle
MGT Messglas-Technik
MI Main Injection
MIL Malfunction Indicator Lamp
(Diagnoselampe)
MKL Mechanischer Kreiselader
(mechanischer Strömungslader)
MMA Mengenmittelwertadaption
MNEFZ Modifizierter Neuer Europäischer
Fahrzyklus
MOSFET Metal Oxide Semiconductor
Field Effect Transistor
MSG Motorsteuergerät
MV Magnetventil
MVL Mechanischer Verdrängerlader

N
NBF Nadelbewegungsfühler
NBS Nadelbewegungssensor
ND Niederdruck
NDIR-Analysator nicht-dispersiver
Infrarot-Analysator
NEDC New European Driving Cycle
NEFZ Neuer Europäischer
Fahrzyklus
Nkw Nutzkraftwagen
NLK Nachlaufkolben(-Spritzversteller)

NMHC Nicht-methanhaltige
Kohlenwasserstoffe
NMOG Nicht-methanhaltige organische
Gase
NSC NOX Storage Catalyst
(NOX-Speicherkatalysator)
NTC Negative Temperature Coefficient
NW Nockenwellenwinkel

O
OBD On-Board-Diagnose
OHW Off-Highway
OT Oberer Totpunkt (des Kolbens)
Oxi-Kat Oxidationskatalysator

P
P-Grad Proportionalgrad
PASS Photo-acoustic Soot
Sensor
PDE Pumpe-Düse-Einheit
(Unit Injector System)
PDP Positive Displacement Pump
PF Partikelfilter
pHCCI partly Homogeneous Compressed
Combustion Ignition
PI Pilot Injection
(auch Voreinspritzung, VE)
Pkw Personenkraftwagen
PLA Pneumatische Leerlaufanhebung
PLD Pumpe-Leitung-Düse
(Unit Pump System)
PM Partikelmasse
PMD Paramagnetischer Detektor
PNAB Pneumatische Abstellvorrichtung
PO Post Injection
(auch Nacheinspritzung, NE)
PROF Programming of Flash-EPROM (Pro-
grammierung des Nur-Lese-Spei-
chers)
PSG Pumpensteuergerät
PTC Positive Temperature Coefficient
PWG Pedalwertgeber
PWM Pulsweitenmodulation
PZEV Partial Zero-Emission Vehicle

R
RAM Random Access Memory (Schreib-
Lesespeicher)
RDV Rückstromdrosselventil
RIV Regler-Impuls-Verfahren
RME Rapsölmethylester
ROM Read Only Memory
(Nur-Lese-Speicher)
RSD Rückströmdrosselventil
RTR Remote Transmission Request
RWG Regelweggeber
RZP Rollenzellenpumpe

S
S-Phase Stabilisierungsphase
(Testphase beim Abgastest)
SAE Society of Automotive Engineers (Or-
ganisation der Automobilindustrie in
den USA)
SCR Selective Catalytic Reduction (selekti-
ve katalytische Reduktion)
SD Steuergeräte-Diagnose
SE Sekundärelektronen
SEM Sekundärelektronenmikroskop
SFTP Supplemental Federal Test Procedure
SG Steuergerät
SIS Service-Informations-System
SMD Surface Mounted Devices (oberflä-
chenmontierte Bauteile)
SME Sojamethylester
SMPS Scanning Mobility Particle Sizer
SRC Smooth Running Control
(Mengenausgleichsregelung
bei Nkw)
SULEV Super Ultra-Low-Emission Vehicle
SV Spritzverzug
SZ Schwärzungszahl

T
TA Type Approval
(Typzertifizierung)
TAS Temperaturabhängiger Startanschlag
TLA Temperaturabhängige Leerlauf-
anhebung

TLEV Transitional Low-Emission Vehicle
TME Tallow Methyl Ester (Rindertalgester)

U
UDC Urban Driving Cycle
UFOME Used Frying Oil Methyl Ester
UIS Unit Injector System
ULEV Ultra-Low-Emission Vehicle
UPS Unit Pump System
UT Unterer Totpunkt (des Kolbens)

V
VE Voreinspritzung
VST-Lader Turbolader mit variabler Schie-
berturbine
VTG-Lader Turbolader mit variabler Tur-
binengeometrie

W
WSD Wear Scar Diameter
(„Verschleißkalotten"-Durchmesser
bei der HFRR-Methode)
WWH-OBD World Wide Harmonized On
Board Diagnostics

Z
ZDR Zwischendrehzahlregelung
ZEV Zero-Emission Vehicle

Sachwortverzeichnis

Printed in the United States
By Bookmasters